中西医结合诊治指南

陈万选　著

河南科学技术出版社

·郑州·

内 容 提 要

本书内容分症状快速诊断部分和诊疗部分。症状快速诊断部分解析了病猪的表现症状，只有认识不同的症状，才能识别出疾病的病因、病程和预后。诊疗部分对各类疾病从病因、病理、症状、预后进行解析，最后确诊，拟订出治疗方案，并采用以中草药为主，土单良方配合，以及传统中兽医针灸技术来提高治愈率，降低医疗成本，纠正大量应用化学药品治疗猪病的不利影响和畜产品中残留化学药品对人畜的危害。以"三字经"方式将常见病、多发病浓缩成韵语，简明扼要，便于记忆，易于临诊应用。

图书在版编目（CIP）数据

猪病：中西医结合诊治指南/陈万选著．—郑州：河南科学技术出版社，2015.5
ISBN 978-7-5349-7682-7

Ⅰ．①猪…　Ⅱ．①陈…　Ⅲ．①猪病-中西医结合-诊疗-指南　Ⅳ．①S858.28-62

中国版本图书馆 CIP 数据核字（2015）第 061734 号

出版发行：河南科学技术出版社
　　　　　地址：郑州市经五路 66 号　　邮编：450002
　　　　　电话：（0371）65737028　65788613
　　　　　网址：www.hnstp.cn
责任编辑：申卫娟
责任校对：崔春娟
封面设计：张　伟
责任印制：朱　飞
印　　刷：郑州文华印务有限公司
经　　销：全国新华书店
幅面尺寸：148 mm×210 mm　　印张：10　　字数：260 千字
版　　次：2015 年 5 月第 1 版　　2015 年 5 月第 1 次印刷
定　　价：21.00 元

前　言

　　随着社会的发展，贸易的频繁且范围的扩大，家畜疫病的发生日渐增多，除原有侵袭性疫病外，新的烈性传染病也有出现，严重威胁养猪业的发展。基于这种情况，笔者将 50 余年来从事兽医临床工作的实践经验集成本书。

　　本书旨在引导养猪者和基层兽医能够快速地认识猪病、诊断猪病，达到正确诊断，合理用药，拟订出符合客观实际的防治方案，提高治愈率，减少经济损失，提高养猪经济效益，生产出无公害的优质畜产品。

　　本书在脱稿后，蒙河南科技大学动物科技学院周继贤教授审核，在此表示衷心的感谢。

编者

2014 年 5 月

目 录

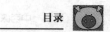

一、猪病症状鉴别诊断

对猪病的诊断是认识疾病的过程，症状是病后的表现形式，是一种现象，通过发现症状，识别症状，判断出符合客观实际的病名，叫作症状诊断法。由于病的种类很多，病后表现各异，只有反复细致地观察，才能得出正确的诊断，才能拟订出合理的治疗、控制和扑灭疫病的方案，才能有效地尽快杜绝疫病的传播和扩散，减少病死率，提高养猪的经济效益。

（一）快速发现猪病的方法

要想发现病猪，首先得熟悉正常猪的外观表现，一般来说，正常健康的猪应该有以下七方面的表现：

1. 精神活泼，步态稳健，叫声清亮。
2. 采食迅速而且有争食现象，食后肚腹充满。
3. 平时和走动时，尾巴不停地自由摆动。
4. 全身被毛顺滑，有光泽，皮肤颜色淡红，可视黏膜粉红且湿润。
5. 鼻端湿润有汗珠，鼻孔洁净。
6. 排粪成堆且分节，粪表面有褐色油样光泽。
7. 一次排粪量多，尿呈无色透明清水样。

（二）猪发病后的异常现象

猪发病后的异常现象可有以下 11 种表现：

1. 精神反常，时而兴奋，时而沉郁，多单独行动或独卧一隅。

2. 缩身弓背，行走缓慢，或四肢聚于腹下，或全身发抖。

3. 尾巴卷曲，停止摆动，低头垂尾，皮肤颜色改变，被毛松乱。

4. 眼睛周围不洁，流泪，甚至有眼屎。

5. 鼻端干燥且贴附灰尘，流鼻涕。

6. 全身皮肤发红或苍白，皮肤温度不整，四肢、耳尖、尾尖、鼻端发凉，耳根灼热。

7. 排粪量少而且干燥，粪表面附着有黏膜，或有脱落的肠黏膜。

8. 肛门松弛且被稀粪便污染。

9. 口唇周围不洁，并且附有白色泡沫。

10. 叫声嘶哑，呼吸不畅。

11. 肚腹膨大或萎缩吊肷。

（三）与咳嗽相关的疾病

1. 阵发性咳嗽，即偶尔出现的阵咳，当采食后或夜间突然出现痉挛性猛烈咳嗽，多见于肺丝虫病。

2. 连续性咳嗽，即在 1 小时内发生数次咳嗽，伴有严重全身症状，如厌食、体温升高，多见于支气管炎、胸膜肺炎、喉和食管疾病。

3. 慢性阵发性咳嗽且伴有呼吸困难、发喘，但是体温、食欲无大变化，多见于猪喘气病。

4. 咳嗽发呛且伴有鼻腔不通、张口呼吸，呈慢性经过，有时鼻孔流血，多见于猪传染性萎缩性鼻炎。

5. 夜间或食后突然咳嗽，且伴有贫血消瘦，腹下部出现皮疹和充血，不洁净，多见于蛔虫病。

6. 在采食过程中突然咳嗽发呛，摇头伸颈，兴奋不安，伴有流眼泪及大量流口水，多见于食道梗塞。

7. 在气温突变时突然咳嗽，且伴有体温升高、厌食、流鼻涕，多见于感冒。

（四）与粪尿异常相关的疾病

1. 饮食欲如常，唯见排出粪呈稀薄的酱油色，多见于仔猪球虫病。

2. 排出粪呈白色牙膏样，多见于仔猪白痢病。

3. 排出粪呈绿色稀水样，多见于仔猪副伤寒及病毒性肠炎。

4. 腹泻呈西红柿水样，且全身症状严重，如体温升高、停止采食、精神沉郁，多见于梭菌性肠炎。

5. 排出尿呈浓茶色（黑豆水样），多见于溶血病、钩端螺旋体病。

6. 突然出现尿呈黄褐色，多见于采食生鱼及饭店泔水、鱼类内脏等中毒及肝病。

（五）与耳朵异常变化相关的疾病

1. 耳朵尖端出现干性坏死，多见于弓形虫病、伤寒病、坏死杆菌病。

2. 耳朵前半部呈紫红色，多见于蓝耳病、猪肺疫、安乃近中毒。

（六）与眼部病变相关的疾病

1. 眼结膜充血，有脓性眼屎，多见于猪瘟、猪丹毒。

2. 整个眼部充血、流泪，多见于感冒、流感。

3. 眼眶周围呈黑色，有泪痕，多见于链球菌病。

4. 上下眼睑水肿，多见于肾病、水中毒、大肠杆菌病。

5. 眼角处有黑色泪痕，多见于弓形虫病。

（七）与鼻部病变相关的疾病

1. 鼻端（鼻镜部）出现水疱或烂斑，多见于口蹄疫、水疱病。

2. 鼻孔肿大而鼻腔变细，甚至堵塞，多见于猪传染性萎缩性鼻炎、波氏杆菌病。

3. 鼻孔流血，多见于炭疽病、猪丹毒、外伤性病、热射病、猪传染性萎缩性鼻炎恢复期。

4. 鼻流脓性鼻涕，多见于胸膜肺炎、大叶性肺炎、鼻腔炎恢复期。

（八）与颈咽部病变相关的疾病

1. 咽喉外部肿胀，多见于猪肺疫、咽喉炎、食道梗塞。

2. 颈上部局部肿大，多见于注射药物时感染引起的脓肿。

3. 耳根下部肿大，多见于腮腺炎。

4. 颌下间隙肿大，多见于慢性链球菌性脓肿。

（九）与皮肤病变相关的疾病

1. 全身皮肤苍白，多见于中毒性疾病、血孢子虫病、硒缺乏症。

2. 全身皮肤黄染，多见于慢性鱼中毒（黄脂病）、肝脏病、原虫病。

3. 四肢内侧皮肤呈紫红色，多见于蓝耳病、副伤寒、肺疫、链球菌病。

4. 四肢内侧有散在出血点，多见于猪瘟、非洲猪瘟、仔猪副伤寒、猪肺疫。

5. 背部皮肤有瘀血斑块，多见于猪丹毒、仔猪副伤寒、弓形虫病。

6. 周龄内仔猪皮肤有红色丘疹，多见于玫瑰糠疹、葡萄球菌病。

7. 头部、背部皮肤增厚且有灰白色皮屑，多见于真菌病、锌缺乏症。

8. 背部皮肤充血坏死，多见于感光质病（荞麦、蒺藜、灰灰菜中毒）。

9. 头、耳、背部皮肤增厚、皱褶且有奇痒，脱毛，多见于疥螨虫病。

10. 全身皮肤充血红染，多见于慢性砷中毒。

（十）与精神失常相关的疾病

1. 全身僵硬伴有阵发性抽搐，多见于破伤风或风湿症。

2. 全身性痉挛，伴有呕吐，口吐白沫，多见于急性食物中毒。

3. 兴奋与昏迷交替出现，转圈运动，多见于脑炎及李氏杆菌病、食盐中毒。

4. 突然出现双目失明，后躯轻瘫，伴有转圈运动，多见于肉毒梭菌中毒、布氏杆菌病。

5. 产后 2~3 天出现卧地不能站立，多见于产后瘫痪及风湿病。

6. 乳猪全身震颤（安静时停止，运动时加重），多见于仔猪先天性震颤。

7. 哺乳仔猪四肢轻瘫，多见于猪瘟、伪狂犬病。

（十一）与心功能紊乱相关的疾病

1. 心跳缓慢，低于 40 次/分，且有间歇，多见于夹竹桃中毒、霉饲料中毒。

2. 心跳过速，高于 100 次/分，多见于霉饲料中毒、黑斑病红薯中毒。

3. 心音混浊（两个音分不清），多见于心肌炎、口蹄疫。

二、症状分析诊断与处治

（一）呕吐

呕吐是机体不随意地将胃内的内容物逆行喷出口外，在家畜中以猪最为常见，尤其哺乳仔猪和断奶前后的猪最多发生。老龄母猪一旦发生呕吐，多为胃溃疡之先兆。

1. 呕吐并伴有体温升高，精神高度沉郁，呼吸迫促，行走摇摆，偶见腹泻。多见于急性心肌炎。该病为人畜共患病，应立即隔离消毒，防止疫情扩散。

处治原则：隔离消毒，焚烧深埋。

2. 群发性呕吐，又是发生在食后不久，体温正常或偏低，特别是强壮且食量大的猪首先发病。多见于食物中毒。

处治原则：立即查找病因，对症治疗。首先用甘草、绿豆熬水，让其自饮，然后肌内注射硫酸阿托品。

3. 呕吐物为黄色胆汁样黏液，而且伴有以下症状：腹痛不安，表现连续性不停呕吐，可视黏膜充血，腹围增大。多见于急腹症——肠扭转、胆道蛔虫、肠梗阻。

处治原则：首先灌服阿司匹林，然后内服驱虫药。如腹胀严重时，可采取开腹探查，手术治疗。

4. 呕吐呈慢性经过，还伴有无食欲，精神苦闷，很少卧下，长时间保持呆立不动，全身虚弱无力，可视黏膜苍白。多见于急性胰腺炎。

处治原则：首先采取消炎止痛，为了尽快抑制胰腺分泌，可注射硫酸阿托品。

5. 阵发性呕吐，呕吐物中混有血液，病猪表现全身震颤，腹痛不安，流口水，多发生在采食后不久。多见于误食尖锐异物，如竹片、玻璃碎片。

处治原则：开腹探查，手术取出异物。

6. 哺乳仔猪偶见呕吐，呕吐物中混有奶瓣，但表现吮乳正常，唯有生长缓慢，腹部紧缩，拉干粪球，被毛松乱。多见于仔猪胃虫病。

处治原则：按 6.5 毫克/千克体重灌服阿苯达唑。

7. 饲喂饭店泔水引起的呕吐，并伴有神经症状，如转圈、凹腰、渴欲增加。多见于食盐中毒。

处治原则：立即用温水灌肠，针灸疗法可选用耳尖穴，小宽针刺破出血。静脉注射高渗糖、硫酸镁。

8. 突然贪食过多，食后不久发生的呕吐，伴有呼吸迫促、腹围增大。多见于贪食性呕吐。

处治原则：立即停止供水和饲料，一天后内服中草药神曲、麦芽、东楂。针灸疗法选山根穴，用小宽针垂直刺入 5 毫米。

9. 哺乳仔猪阵发性呕吐，腹下水肿，眼睑浮肿，走动摇摆。多见于仔猪大肠杆菌病。

处治原则：阿米卡星疗法。

10. 群发性高热，呕吐，神经紊乱，全身皮肤红染，眼圈发黑流泪。多见于链球菌病。

处治原则：磺胺疗法。

(二)呕吐症状的类症鉴别

病名	体温	呕吐程度	呕吐物状况	症状表现情况	年龄区别 乳猪	年龄区别 幼猪	年龄区别 成年猪
伤胃	正常	轻度	酸臭	腹围稍大,拉稀粪	多见	多见	少见
胃肠停滞	正常或稍高	中度且连续	酸臭	肚胀,黏膜无血	少见	多见	少见
肠梗阻	升高	严重	粪样	肠臌气,肚痛不安	少见	多见	少见
肠道寄生虫	正常	轻度	水样,有胆汁,偶见虫体	腹下部有丘疹,咳嗽,贫血	少见	多见	少见
猪传染性胃肠炎	升高	中度	含大量黏液	突然发生,呈群发性水样腹泻	多见	多见	良性经过
牛黏膜病猪流行性腹泻	正常	轻度	有黏液	群发性,喷射状,黄绿色水样腹泻	100%发病50%死亡	50%发病30%死亡	良性经过
轮状病毒病	正常	连续性	含有黏液	厌食,拉棕色,黏液样稀便	90%发病60%死亡	良性经过	很少见到
中毒性	正常	喷射状	含怪味	群发性,体强食量大的猪首先发病,伴有神经紊乱,口吐白沫	少见	多见	多见
胃溃疡	正常	轻度	含有血液或黑色水样	常有拉黑色稀便且日消瘦,被毛粗乱,可视黏膜苍白	无	少见	老母猪多见
脑脊髓炎	升高	干呕	无	乳猪在4~7日龄时多发生,有神经症状,不吮乳,嗜睡,双目失明,共济失调,后躯麻痹	多数死亡	少见	少见
脑心肌炎	升高	喷射状	黄水样	突然发病,呼吸迫促,全身发抖,腹泻	断奶多见	少见	无

（三）肠道疾病病理演化图

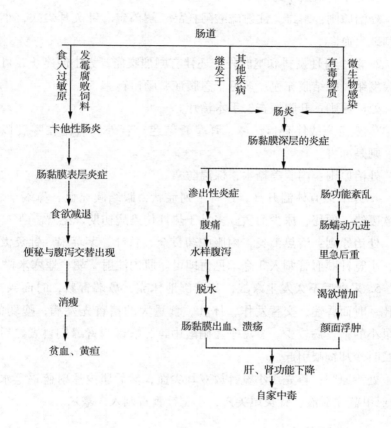

（四）寒战

　　寒战是指猪身体的局部或全身打哆嗦的一种表现，是由于猪的中枢神经受到某种刺激，如寒冷引起的不随意震颤。寒战发生的原因很多，有来自本身的病理反应，如发热、内脏损伤、剧烈疼痛，也有外因引起的，如寒冷、惊恐等。

1. 全身性发抖伴有呕吐，腹泻，大量流口水，双目失明，神经错乱。多见于有机磷中毒。

处治原则：解毒，注射硫酸阿托品、解磷定。针灸耳尖穴，小宽针刺破出血。

2. 除全身性发抖和呕吐外，还伴有剧烈腹痛，大小便停止，可视黏膜发绀，眼结膜充血。多见于急腹症、肠扭转。

处治原则：开腹探查，手术治疗。

3. 全身寒战伴有口、鼻、耳呈青紫色，若外界气温在零度以下时，则是冻害。

处治原则：内服姜糖水，保温防寒。

4. 寒战兼有体温升高，还有下列症状：眼结膜充血，鼻端干燥，食欲废绝，便秘，尿少而黄。多见于热性传染病初期、感冒。

处治原则：清热消炎，内服中药贯众、竹叶、茅草根。针灸太阳穴，小宽针顺血管刺入 3 毫米见血即可。肌内注射柴胡、地塞米松。

5. 采食后不久发生寒战，甚至倒地休克，鼻端青紫，时而兴奋、挣扎，时而昏迷，交替发作，体壮、食量大的猪首先发病，瘦弱的、食量小的猪发病较少。多见于亚硝酸中毒，病因为青绿饲料煮熟后没有及时冷却饲喂引起。

处治原则：首先用小宽针放双耳尖血，然后肌内注射蓝钢笔水或 1% 亚甲蓝注射液。针灸尾尖穴，小宽针垂直刺入 3 毫米。

（五）发热性疾病的鉴别

病名	病原	特殊症状	相似症状	流行病学特点				处治原则
				传染途径	传染媒介	流行方式	季节性	
猪肺疫	多杀性巴氏杆菌	脖颈下部肿大，发喘，犬坐姿势	体温41～42℃，腹下皮肤充血，腹泻	呼吸道	病猪的排泄物	散发	秋天多见	替米考星内服或注射
弓形虫病	原虫	体表淋巴结肿大，眼睛发炎，皮肤坏死	体温高，咳嗽，有眼屎	消化道	猫、鼠	散发	夏季多发生	磺胺内服或注射
链球菌病	兽疫链球菌	有神经症状，关节肿大，跛行	眼充血流泪，淋巴结肿大，体温高	呼吸道	接触感染	流行性	春，夏季	替米考星肌内注射
猪丹毒	丹毒丝菌	步态僵硬，背部皮肤有血斑块	高热，发抖，便秘，心肌出血，肝红肿	消化道	水生节肢昆虫	流行性	夏季	链霉素，林可霉素肌内注射
猪瘟	黄病毒	眼屎贴合全眼，腹下皮肤有出血点，肠发炎，有扣状溃疡	发热，嗜睡，先便秘后腹泻	消化道	排泄物	流行性	冬季多见	猪瘟血清
附红细胞体病	原虫	皮肤充血，毛孔出血	体温41℃，全身寒战，四肢末端发绀	接触	吸血昆虫	流行性	盛夏	复方亚宁肌内注射
衣原体病	衣原体	眼角膜混浊，关节发炎，流产	发热，咳嗽，呼吸加快	粪便污染物	鸟类粪便	散发	无	替米考星肌内注射
钩端螺旋体病	螺旋体	血尿，头部浮肿，贫血	眼充血流泪，水肿	接触	吸血昆虫	流行性	夏季	链霉素治疗
猪流感	甲流病毒	突然群发，咳嗽	高热，流鼻涕，眼泪	呼吸道	空气	大流行	秋冬	板蓝根等抗病毒药治疗

（六）痉挛

全身或局部肌肉不随意的强直性震颤叫痉挛，病因是毒素刺激，新陈代谢（缺钙），激素紊乱。这种病理现象的发生，是大脑皮层高度兴奋的结果。症状表现在躯体外部，但病理发生在中枢（大脑）。痉挛有间歇性，对光、声刺激敏感。

1. 在大脑清醒的情况下，出现局部不随意抽搐，如脊背、腿、咬肌出现有规律的抽搐和发抖。多见于脑病、酮血病。

处治原则：首先肌内注射氢化可的松，然后针灸天门穴，用毫针在后脑窝正中凹陷处，斜后下方刺入 1 厘米。

2. 在全身生理基本正常的情况下，唯有双侧最后肋骨部表现有规律跳动，并发出咚咚响声。多见于膈肌痉挛。

处治原则：肌内注射阿托品、硫酸镁。针灸疗法：大椎穴用圆利针垂直皮肤刺入 4 毫米。

3. 全身痉挛呈周期性发作，间歇期一切如常，发病时突然倒地，叫声嘶哑，口吐白沫，大小便失禁，瞳孔散大。多见于癫痫病（羊羔风）。

处治原则：针灸大椎穴，用圆利针垂直刺入 4 毫米。太阳穴用小宽针顺血管刺入 3 毫米见血即可。选用扑癫灵内服。

4. 哺乳仔猪四肢抽搐，另一特点是在哺乳和走动时痉挛严重，而在安静躺卧时停止痉挛。多见于仔猪先天性震颤。

处治原则：本病与遗传有关，下次配种应更换种猪。

5. 猪外伤几天后，突然出现全身强直性痉挛，尾巴卷曲，叫声嘶哑，全身僵硬，翻白眼，对光、声刺激敏感而兴奋。多见于阉割后感染破伤风杆菌病。

处治原则：寻找伤口，扩创后用碘酒冲洗，向创腔内填生石灰块。①天门穴注射破伤风血清 1000 单位。②土单方：花椒 20 克包入发面中，蒸 1 小时后，趁热将蒸馍底部挖个口，露出花椒，对准感染疮口，热敷 1 小时，1 天 1 次，3 天即可。

（七） 皮肤瘙痒

猪的皮肤病种类很多，尤其卫生条件差的圈舍更容易发生，皮肤病的常见表现是瘙痒，常见病猪用嘴啃或用后腿蹭痒处。引起瘙痒的病有湿疹、螨虫、过敏性病、内寄生虫病和真菌性皮炎。

1. 发痒处皮肤增厚掉毛，有白色痂皮，在皮薄、毛稀的眼皮、耳根和腹下部首先发生。初期皮肤充血奇痒，随后变成丘疹，后来丘疹融合成大块坏死，结痂干硬，甚至龟裂。多见于螨虫病。

处治原则：按 0.03 毫升/千克体重皮下注射伊维菌素注射液。土单方：用废机油、硫黄按 7 : 1 配成膏，涂拭患处。

2. 瘙痒处皮肤潮湿充血，有红色疹子，有渗出液，黏腻并附有糠秕样鳞屑。多见于猪湿疹。

处治原则：保持圈舍地面干燥，撒布痱子粉。

3. 奇痒发生在白色皮肤处，又多发生在日光照射后，局部皮肤红肿甚至变成干性坏死。多见于感光质中毒，如采食荞麦、灰灰菜。

处治原则：内服脱敏剂苯海拉明，肌内注射地塞米松，避免日光照射。

4. 经常蹲卧摩擦肛门，肛门周围附着白色皮屑，该处皮肤充血红肿。多见于猪蛲虫病。

处治原则：用敌百虫栓剂塞入肛门内，1 天 1 次，连续 3 天。土单方：苦楝树根熬水每天早晚直肠灌 100 毫升。

5. 幼年猪厌食消瘦，皮肤奇痒，皮肤粗糙起皱褶，食欲不振，有异食癖，顽固性腹泻，精神不振。多见于断奶后仔猪患锌缺乏症。

处治原则：在饲料中增加硫酸锌添加剂。

（八）食欲变化

食欲是衡量猪是否有病及病情轻重的主要标志。食欲好坏除了受疾病的直接影响外，还决定饲料的品质、外界环境、气候变化和饲料的适口性，表现厌食、偏食和异食癖等病理现象。

1. 食欲下降，精神沉郁，流涎，口腔充血，下痢粪便呈酱油样，四肢不灵活，知觉迟钝，少尿，尿液呈月白色。多见于育肥猪，为慢性铜元素中毒。

处治原则：在饲料中减少硫酸铜含量。

2. 食欲逐渐减退，精神沉郁，肘后肌肉震颤，行走摇摆，皮肤黄染，孕猪症状严重，甚至流产。多见于黄曲霉中毒。

处治原则：立即更换饲料。

3. 食欲不振，日渐消瘦，被毛粗乱，经常腹泻，渴欲增加，但不贫血。多见于成年猪鞭虫病。

处治原则：可用左旋咪唑7毫克/千克体重一次内服。

4. 断奶后仔猪厌食，消瘦，阵发性咳嗽，腹下部皮肤有丘疹，贫血，呕吐，流涎。多见于内寄生虫病。

处治原则：定期驱虫，敌百虫和左旋咪唑交替应用。

5. 孕后期猪食欲不振，精神欠佳，多卧少起，体温偏低，大便干燥，排便困难，大便呈黑色核桃样干粪球。多见于孕后期缺乏粗纤维饲料，出现缺钾性消化不良。

处治原则：增加运动，增加粗纤维饲料及青绿多汁蔬菜类饲料，采取酸碱疗法：白天用小苏打15克、干酵母粉10克一次喂给。晚上用茶叶红糖熬水1000毫升，待放凉后加米醋100毫升，倒食槽内让其自饮。

（九）局部神经麻痹

神经麻痹，是局部神经传导功能失调引起的知觉消失、运动失调的疾病，如四肢麻木、嘴斜眼歪等，究其病因不外乎受到风湿侵袭，内寄生虫伤害，以及跌打损伤引起的神经性疾病。

1. 颜面部外形改变，鼻镜歪斜，两个鼻孔大小不一，采食时饲料会从口内流出。多见于三叉神经麻痹（颜面神经麻痹）。

处治原则：①局部涂擦刺激剂（4.3.1合剂，配方参看医用消毒剂项）。②针灸疗法：火针天门、风池、睛明、鼻中穴，1天1次，连续3天。

2. 头颈伸直，低头困难，其他生理指标正常，多见于颈部风湿。

处治原则：火针九委，内服水杨酸钠。

3. 腰部外伤引起的下半身瘫痪，受伤前部肌肉高度敏感，而受伤下部肌肉松弛，失去知觉。多见于腰部脊柱骨折断裂。

处治原则：预后不良。

4. 后半身不灵活，双后腿无力支撑身体，走动时后躯摇摆，尿频且尿液不透明，有絮状物。多见于肾虫病。

处治原则：①内服阿苯达唑，15毫克/千克体重，1天1次，连服3次。②针灸疗法：火针百会，圆利针用火烧灼热，垂直刺入，深度视大小猪而定，一般1~3厘米。

（十）共济失调

共济失调是指猪在行走时，不能维持身体平衡，运动时出现不协调动作，起因主要是中枢神经的实质器官受到侵害引起的全身性病理现象。

1. 猪突然出现精神恍惚，呼吸迫促，如醉酒状，这时测得体温43℃。多见于中暑。

处治原则：立即在耳尖穴放血 50~100 毫升，紧接着用凉水灌肠。

2. 在高温季节，由于日光直射，或进行长途运输拥挤时，生猪突然出现兴奋不安、张口呼吸、口流白沫，严重时倒地抽搐。多见于热射病或日射病。

处治原则：立即用自来水冲洗车厢、地面，运输车停放在阴凉处，待猪安静后再行运输。

3. 猪在安静行走时，身体摇摆，精神沉郁，走动时表现笨拙，四肢不灵活，心脏跳动频率变慢，低于 50 次/分。多见于霉饲料中毒。

处治原则：立即更换饲料。

4. 猪突然出现群发性渴欲增加，有神经症状，站立时凹腰震颤，可视黏膜发绀，四肢轻瘫，有时做转圈运动，视力障碍。多见于食盐中毒。

处治原则：①立即用温水灌肠，肌内注射硫酸镁。针灸：放耳静脉血。②25%葡萄糖注射液 50~300 毫升、40%乌洛托品 10~30 毫升、10%安钠咖 5~10 毫升，一次静脉注射。

（十一）断奶前后神经紊乱疾病鉴别

病名	特殊症状	一般症状	病原	传染途径	传染媒介
猪瘟	群发性运动失调,抽搐,腹下皮肤有出血点	体温41℃,腹泻,眼炎,腹下皮肤充血	猪瘟病毒	消化与呼吸	病猪污染物
伪狂犬病	哺乳仔猪多发生,眼球震颤,腹泻,共济失调	体温41℃,昏睡,发抖,呕吐,流口水,头向后仰,成年母猪出现腰配不孕	伪狂犬病毒	消化道	鼠
链球菌病	皮肤充血红染,眼圈周围呈黑色状,有脑炎症状,角弓反张	体温40℃,便秘,流泪,鼻涕,关节肿,跛行	链球菌	呼吸与消化	病猪分泌物
蓝眼病	发热,双目失明,全身震颤,眼角膜呈蓝色混浊,多侧卧,发抖,哺乳仔猪多发生	孕母猪呈隐性,只见产仔死胎	副黏病毒	哺乳仔猪	接触感染
李氏杆菌病	断奶后仔猪群发性兴奋鸣叫,转圈运动	前肢僵硬,后肢瘫痪	李氏杆菌	消化道	鼠
猪传染性脑脊髓炎	哺乳猪多发生下颌麻痹,呕吐,眼球抽动	全身抽搐,轻瘫,惊叫,感觉过敏	捷申病毒	消化与呼吸	接触感染
脑心肌炎	断奶后仔猪四肢轻瘫,呕吐,腹泻,心悸亢进	体温42℃,呕吐下泻,共济失调	肠道病毒	消化道	粪便及污染物
圆环病毒病	断奶后仔猪多发生,腹泻,呼吸困难,全身发抖	厌食,衰弱,贫血,皮肤有圆形斑块坏死	圆环病毒	水平与垂直感染	整窝发生
胎儿感染猪瘟	刚出生仔猪,在走动和吮乳时震颤,衔乳头困难,安静时停止震颤	孕母猪流产,瘦弱,皮肤苍白	猪瘟病毒	孕母猪后期接种猪瘟疫苗	整窝发生
乙型脑炎	夏季蚊虫多时易发生,发热摇头,双目失明,转圈运动,共济失调,瘫痪	孕母猪流产,公猪睾丸肿大,关节肿大发炎	虫媒病毒	蚊子叮咬	吸血昆虫

（十二）行为异常

猪的行为是指采食状态、行动姿势、躺卧时的形态。例如健康的猪，尾巴经常保持不停地甩动，而不只是在蚊蝇叮咬时才甩动（卧下时除外），若尾巴停止摇摆即为病态，尤其是尾巴呈屈曲强直状态，即是患破伤风病的典型症状。

1. 分娩后 2~3 天垂头昏睡，不顾周围动静，双目紧闭躺卧不动，体温偏低，反应迟钝，泌乳量大减，大便秘结。多见于产后瘫痪。

处治原则：静脉注射葡萄糖酸钙，肌内注射氢化可的松。

2. 突然发高热，体温达 41℃，呕吐，行走摇摆，口唇舌麻痹，四肢强直。多见于猪的急性脑膜炎。

处治原则：不可治疗，应淘汰，消毒，深埋。

3. 低头昏睡，双目紧闭，躺卧不动，体温偏低，反应迟钝，呼吸缓慢，眼睑及腹下、颌下水肿。多见于肾衰竭、尿毒症。

处治原则：无治愈希望，应淘汰。

4. 精神高度兴奋，大量流涎，阵发性奔跑，可视黏膜发绀。多见于采食毒芹或天仙子出现的急性中毒。

处治原则：镇静疗法，肌内注射安定，内服酸牛奶。

5. 兴奋不安，伴有心跳缓慢且有间歇，局部肌肉发抖。多见于发霉饲料中毒。

处治原则：立即更换饲料，内服葡萄糖和维生素 C。

6. 突然发生倒地昏迷，瞳孔散大，呼吸缓慢，有外伤史。多见于脑震荡。

处治原则：肌内注射尼可刹米，静脉注射高渗糖。

（十三）局部神经异常状态

衡量猪健壮的主要标志是看神经系统是否正常。无病猪应该是精神活泼，听人呼唤，反应敏捷。反之精神沉郁，垂头呆立，对周围动态漠不关心，反应迟钝，或者高度兴奋，惊恐鸣叫均为病态。

1. 局部肌肉松弛，知觉消失，功能完全丧失，如肢体下垂，口斜眼歪，颜面鼻端变形。多见于神经干受伤、受压迫，以及伤风、伤湿。

处治原则：涂擦刺激剂，采用针灸疗法，特别是用火针艾灸。

2. 四肢或头部出现不随意痉挛，并且伴有视力障碍，全身抽搐。多见于脑外伤。

处治原则：不可医治，只有候诊待查。

（十四）抽搐的鉴别

分类	病名	病因	特殊症状	一般症状	措施
采食有毒物质	亚硝酸中毒	烂白菜及白菜加工不当	食后突然出现群发性全身抽搐，口吐白沫	耳、鼻发黑，皮肤苍白，血液酱油样	亚甲蓝肌内注射
	食盐中毒	喂饭店食堂泔水	渴欲增加，阵发性发抖，有神经紊乱，视力障碍	眼充血，先便秘后腹泻（尤其慢性食盐中毒）	静脉注射硫酸镁，内服食醋
	有机磷中毒	采食菜地、果园的野菜	大量流涎，痉挛，腹泻，瞳孔缩小，视力障碍	呕吐、震颤，腹式呼吸，阵发抽搐	阿托品、氯磷定注射
	中暑	夏季长途运输高温拥挤	精神恍惚，张口伸舌，流涎，兴奋不安	全身灼热，体温超高，犬坐姿势，发喘	冷水灌肠
体温过高性疾病	持续性高热病	高热性大脑紊乱	呼吸迫促，可视黏膜发绀，阵发性抽搐	耳、鼻端冰凉，全身皮肤充血	降低头部温度
	热射病	环境高温	精神沉郁，张口呼吸，可视黏膜发绀，抽搐	流涎，阵发性震颤，全身灼热	避免日光直射，降温
营养与免疫疾病	仔猪水肿病	大肠杆菌和营养不良	腹下和头、眼部水肿，腹泻，痉挛	食欲不振，精神沉郁，贫血	亚硒酸钠疗法
	仔猪先天性震颤	遗传因子，胚胎性疾病	新生仔猪，10日龄前四肢强直性颤抖	运动时颤抖严重，而安静时停止	更换种猪，孕猪忌注猪瘟疫苗
中枢神经疾病	乙型脑炎	乙型脑炎病毒	断奶后仔猪痉挛抽搐，孕母猪流产胎儿水肿	关节疼跛行，唇、舌麻痹，公猪睾丸肿大	淘汰
	脑心肌炎	肠道病毒	震颤，兴奋不安，腹泻，会突然死亡，流涎	四肢疼痛，蹄叉肿，口腔溃疡	淘汰
内科病	肠梗阻	腹壁疝	突然剧痛，不安，可视黏膜充血	腹围增大，口腔干燥，排便停止	手术治疗

（十五）神经紊乱性疾病鉴别

分类	病名	病因	症状	措施
神经官能症	癫痫	外伤、中毒后遗症、遗传因素	突然倒地，口吐白沫，尖叫后抽搐，间歇发作	抗痉镇静
	膈肌痉挛病	抢食、寒冷刺激、中毒	胸部有规律沿肋弓跳动并发出咚咚声	肌内注射硫酸镁
脊髓疾病	腰脊髓外伤	脊柱骨折	后躯瘫痪，二便失禁，尾、后皮肤去知觉	预后不良
	脊髓炎	病毒	肢体轻瘫，日渐严重	预后不良
	肾虫病、丝虫病	寄生虫	后躯软弱无力，尿混浊	驱虫
神经末梢疾病	面神经麻痹	外感风寒、伤风、伤湿	嘴斜鼻歪	刺激疗法
	反面神经麻痹	遗传因素	运动后出现极度呼吸困难	不可作种用
	三叉神经麻痹	外伤及脑疾	眼、鼻部失去知觉，眼干目增生性炎症	土的宁疗法
大脑疾患	脑膜炎	细菌或病毒	发热，呕吐，兴奋与抑制交替出现	磺胺疗法
	脑外伤	脑血管破裂	高度昏迷，耳、鼻出血	预后不良
新陈代谢性疾病	维生素 B_1 缺乏症	食生鱼及鱼下水或嫩菜中毒	厌食，黄疸，共济失调，皮肤瘙痒	补充维生素 B_1
	低镁血症	饲料中缺镁元素，采食幼嫩青菜	突发性强直痉挛	硫酸镁疗法
	尿毒症	肾功能病	昏迷，癫痫样发作	预后不良

（十六） 病态姿势

病态姿势是指能显示出某种疾病的异常姿态，这种能够保持时间较长的反常状态和运动形式，叫病态姿势。起因是中枢神经受到伤害，或是为了缓解疼痛而引起的异常姿态。

1. 侧头看天，并经常摇头甩耳，有时兴奋，无目的地往前奔跑，除此现象外无其他变化，采食正常。多见于虫子钻入耳内。

处治原则：用樟脑油滴耳孔内。

2. 犬坐姿势，仰头伸颈，张口伸舌，两前肢张开，呼吸困难。多见于肺气肿。

处治原则：皮下注射硫酸阿托品，肌内注射地塞米松。

3. 猪站立时用力努责，双后肢张开，屈曲下蹲，不停努责，但无粪尿排出。多见于阴道炎、直肠炎及排粪困难。

处治原则：针对症状采用对症疗法。

4. 病猪突然发狂，"惊叫"向前直奔，呈阵发性，间歇期如无病样。多见于有机氟中毒。

处治原则：肌内注射乙酰胺。

5. 病猪经常后躯下蹲，用力努责，但无尿液排出，背部皮肤呈紫红色，头部水肿，有时惊叫，还会无目的地到处乱跑。多见于马铃薯中毒。

处治原则：立即用10%小苏打水灌肠，内服油类泻剂。

（十七） 腹围形态变化

腹围形态变化是指整个腹部轮廓的形态变化。一般来说，在饱食后或饮水后，腹围稍有增大，在饥饿时腹围会缩小，怀孕母猪在孕后期腹围会增大，这也是正常现象。但是在病理情况下，如胃肠臌气、胃扩张、腹水和腹腔寄生虫——细颈囊尾蚴病，腹围则异常增大。

1. 断奶后仔猪腹部异常膨大，然而采食等一切正常，体形外观呈梭状，即两头尖，肚子大，头和屁股小。多见于营养不良病。

处治原则：补充蛋白质、维生素，改用乳猪全价饲料。

2. 仔猪断奶后，除梭状体形外，还伴有食欲不佳、贫血、消瘦、咳嗽、皮肤粗糙、腹下部皮肤有湿疹。多见于蛔虫病。

处治原则：用左旋咪唑驱虫。

3. 突然发生腹部异常膨大，右侧季肋部突出，呼吸加快，眼结膜充血，疼痛不安，四肢聚于腹下。多见于急性胃扩张。

处治原则：采取饥饿疗法。①内服乳酸。②土单方：灌服酸牛奶。

4. 左侧胘部异常膨大，叩诊呈鼓音，放屁，肛门凸出，小便淋滴，呼吸浅表，精神抑郁，可视黏膜发绀。多见于急性肠鼓气。

处治原则：①肌内注射氨甲酰胆素。②针灸玉堂穴，三棱针斜刺出血。

5. 整个腹部膨大下垂，呈左右对称性增大，如孕猪样，并且伴有消瘦，被毛稀少，皮肤粗糙。多见于猪细颈囊尾蚴病。

处治原则：①手术疗法。②吡喹酮60毫克/千克体重，一次内服。

6. 整个腹部对称性下垂膨大，触诊时有流水音及水平浊音区。多见于腹水症。

处治原则：应淘汰，无医治价值。

7. 腹部局部出现凸出，呈软囊状，手压迫后可缩小，听诊该部有肠蠕动音。多见于腹壁疝，如幼猪脐疝，阉割后引起的肠管脱出。

处治原则：手术疗法。

（十八）流涎

1. 从口腔流出带血色黏液，在鼻、唇、蹄及乳房处有水疱性溃疡，伴有厌食，卧地不起，四肢僵硬，跛行。多见于传染病，如口蹄疫、猪水疱病。

处治原则：立即上报有关部门，隔离消毒。

2. 大量流涎，且头颈伸直，咽喉部肿大，采食后会从鼻孔流出食糜，并且伴有疼痛性咳嗽。多见于咽喉炎。

处治原则：①在肿胀外部涂擦 4.3.1 合剂。②中草药方：桔梗、甘草熬水服。③火烙天门穴。

3. 采食后突然发呛，低头伸颈，摇头不安，从鼻孔和口腔流出大量黏液。多见于食道梗塞。

处治原则：在食道梗塞处注射利多卡因。

4. 突然发生大量流涎，且伴有神经紊乱，呕吐，视力障碍，全身发抖，大小便失禁，甚至出现阵发性倒地痉挛。多见于有机磷中毒。

处治原则：立即皮下注射阿托品，肌内注射氯磷定。

5. 经常从口内流出黏稠唾液，伴有耳下肿大，体温升高，耳下腺部皮肤红肿发热，头颈歪斜。多见于腮腺炎。

处治原则：肌内注射青霉素和链霉素，肿胀处涂擦刺激剂松节油、浓氨水。

（十九）皮肤颜色变化

1. 饮食欲一切如常，唯有全身皮肤呈暗红色，似充血红染样。多见于慢性砷中毒。

处治原则：立即更换饲料，禁止使用砷剂做饲料添加剂。

2. 全身性皮肤呈紫红色，体温升高，眼充血流泪，腹式呼吸，精神沉郁，排干粪球，局部肌群发抖。多见于传染病初期。

处治原则：立即隔离消毒，继续观察。

3. 背部皮肤红染，被毛的根处有出血现象，而且伴有明显全身症状，体温升高至 41～42℃，停止采食，呼吸加快，精神沉郁，眼充血流泪。多见于附红体病。

处治原则：①5～7 毫克/千克体重深部肌内注射血虫净。②土单方：可用鲜大叶黄蒿，压挤出绿色汁液灌服，一次 100 毫升，1 天 1

次，连服 4 天。③新肿凡纳明 5 毫克/千克体重，一次静脉注射。

4. 病猪背部皮肤呈玫瑰红色，口唇、耳根红肿，惊恐发出尖叫声，排尿困难。多见于龙葵碱中毒。

处治原则：①内服油类泻剂。②肌内注射樟脑水。③土单方：山楂、红糖熬水灌服。

5. 突然出现腹痛不安，呕吐黄色油状黏液，眼结膜呈杏黄色，呆立一隅，不能卧下，空口磨牙。多见于蛔虫性胆道堵塞。

处治原则：①立即内服阿司匹林。②用敌百虫驱虫。

6. 在初春季节，白色猪经日光照射后，背部皮肤呈紫红色，兴奋不安伴有奇痒。多见于灰灰菜中毒。

处治原则：①立即停止饲喂野菜。②置病猪于黑暗处。③内服大硫代硫酸钠、维生素 C。

7. 病猪背部皮肤呈红色而发亮，食欲下降，眼结膜苍白，走路摇摆，少尿或无尿。多见于慢性酮中毒。

处治原则：立即更换饲料。

（二十）皮肤温度、湿度和气味

机体是统一完整体，任何脏器病变都会在相应皮肤表现出来，如肝病可在眼结膜处反映出黄疸，副伤寒可引起腹部皮肤充血有出血点，猪丹毒可引起背部皮肤出现方形或菱形瘀血块。根据皮肤变化，可判断出病性和病的程度。

1. 猪产后 2~3 天，出现精神高度抑郁，全身皮肤凉感，皮肤可闻到氯仿气味，体温偏低，呼吸缓慢，反应迟钝。多见于产后瘫痪。

处治原则：①激素疗法。②补钙疗法。

2. 哺乳仔猪在 1 周龄内，出现全身皮肤充血，淋巴液外渗，皮肤呈油腻样，充血处呈鲜红色并有结节，呈火山口状溃疡。多见于玫瑰糠疹（真菌病）。

处治原则：下次配种应更换公猪。

3. 在高温高湿季节，猪全身皮肤充血，皮脂外渗，出疹块，奇痒，尤其在耳根腹下及四肢内侧丘疹连片。多见于湿疹病。

处治原则：①纠正圈舍潮湿，保持圈舍干燥卫生。②在病变部撒布痱子粉。

4. 断奶后仔猪表现脊背部皮肤粗糙，皮屑增多，全身皮肤苍白，偶见咳嗽，食欲下降，便秘与腹泻交替出现，生长缓慢，有异食癖现象。多见于胃肠寄生虫病。

处治原则：立即驱虫。

5. 哺乳期仔猪头颈部、脊背皮肤上出现红色疹子，丘疹破裂化脓，结痂后变成硬壳。多见于葡萄球菌感染。

处治原则：①仔猪出生后立即剪除胎牙（黑牙）。②内服大安乳剂。③病变部涂擦紫药水。④严重者肌内注射青霉素。

6. 群发性耳尖和四肢末端冰冷，耳根和腹下灼热，并有明显全身症状，如眼结膜充血，全身寒战，鼻端干燥，腹式呼吸。多见于传染性疾病初期。

处治原则：①隔离观察。②针灸疗法选风池穴，用圆利针斜向内下刺入 3 毫米。

7. 群猪中单个出现体温升高，耳尖冰冷，耳根灼热，四肢不灵活，咳嗽，流鼻涕，流眼泪，四肢冷感、僵硬。多见于一般伤风感冒。

处治原则：①大青叶等药物及阿司匹林内服。②白砒卡耳，在耳尖无血管处，用大宽针刺破皮肤，剥成皮囊，将白砒 0.05 克装入袋中，最后往袋内滴乙醇一滴即可。

8. 育成猪的颈、背部皮肤上出现散性溃疡斑，外观形状颇似眼睛样，创面周围隆起黑褐色，中央凹陷呈灰白色，故名"猪眼子病"。多见于猪坏死杆菌病。

处治：甲醛冲洗疗法。

（二十一）贫血的症状鉴别

病名	病因	发生日龄	特殊症状	一般症状	处治原则
仔猪贫血	缺铁	10日龄前后	皮肤松池、耳朵看不到明显血管、全身皮肤苍白	下痢，精神沉郁，行走无力，吮乳不积极	肌内注射补铁药、圈内撒红土块
仔猪低血糖病	糖缺乏	周龄内仔猪	体温下降、耳尖发绀、全身肌肉松池，皮肤苍白	不活泼，全身软弱无力，有时惊厥，发抖	腹腔注射葡萄糖
仔猪溶血病	变态反应	1~3日龄	吮初乳后突然出现尿血、全身衰弱，很快表现皮肤苍白	全身性震颤，后躯摇摆	立即母仔分开，禁止吃初乳
白肌病	硒缺乏症	断奶后仔猪多见发生	皮肤苍白，剧烈奔跑后突然死亡	呼吸迫促，后肢僵硬	肌内注射0.1%亚硒酸钠1毫升
老龄母猪胃溃疡	寄生虫、维生素缺乏	4~5胎后母猪多见	极瘦弱、厌食、大量流涎、可视黏膜苍白	腰背弓起、被毛脱落，精神沉郁	腐殖酸钠疗法，增喂胡萝卜
寄生虫病	消化道寄生虫	断奶后及青年猪	早异嗜癖、消瘦、有时咳嗽、腹下有皮疹，有时腹泻、贫血	生长缓慢、便秘与腹泻交替出现	驱虫
钩端螺旋体病	原虫	不分年龄	炎热夏季猝然高热、尿呈棕红色、贫血、皮肤黄染	眼结膜高度充血、眼皮水肿、体表淋巴结肿大、孕猪易流产	链霉素疗法
断奶后仔猪衰竭症	圆环病毒2型	断奶后仔猪	厌食、消瘦、持续下痢、呼吸加快、有时全身发抖、皮肤苍白	被毛粗乱、腹部消瘦、间断性咳嗽	断奶后立即接种猪圆环病毒2型
牛病毒性腹泻黏膜病	牛黏膜病毒	哺乳仔猪	水样腹泻、日渐消瘦、全身皮肤贫血、关节炎、跛行	精神欠佳、被毛粗乱，心、肾外膜有出血点，结肠有溃疡面。剖检似猪瘟，吮乳不佳	隔离、消毒

（二十二）被毛脱落

猪被毛变化可直接反映健康状况，无病的猪被毛洁净有光泽，流向一致，非季节性不易脱落。反之被毛逆立，蓬松无光泽，毛质脆，易脱落，均为病态。季节到了应该脱毛，相反延长脱毛时间，就是病态。

1. 非脱毛季节成片脱毛，且伴有奇痒，首先在头耳颈部发生，局部皮肤增厚，表面覆盖灰白色皮屑，后期结痂，硬化橡皮样。多见于疥癣病。

处治原则：一经发现，立即隔离，迅速用伊维菌素注射或内服。防止传染给其他猪使疫情扩散。

2. 在猪颈背部出现圆形或不规则的块状脱毛，而且脱毛面积逐渐扩大，掉毛处皮肤起灰白色皮屑，局部皮肤增厚而凸出。健部皮肤表面无变化，并无明显痒感。多见于真菌性皮炎。

处治原则：内服克霉唑，病部涂擦 30%硫酸铜水。

3. 群发性脱毛，被毛生长稀少，又多发生于深山贫瘠地区，还伴有体质虚弱，眼睛红肿，眼屎增多，痴呆不活泼等特征。多见于缺碘症。

处治原则：在饲料中添加碘化钾。

4. 脱毛与内服药物有关，服药后不久即出现全身性脱毛。多见于内服或注射伊维菌素过量。

处治原则：立即内服生石膏，肌内注射地塞米松。

5. 脊背部和尾巴鬃毛脱落，并且伴有四肢震颤，呼吸窘迫，盲目奔走，四肢僵硬。多见于慢性紫云英中毒。

处治原则：立即更换饲料，内服 1%亚砷酸钾水，1 天 1 次，每次 0.1 毫升/千克体重。

（二十三）皮肤水肿

机体组织的含水量有 70%，这些水分主要分布在血液、淋巴液中，在不停地循环维持机体生命活动，同时不停地进行新陈代谢，保持组织器官间水分分布的平衡，这些代谢一旦失去平衡，当组织间隙中有过多液体滞留时就叫水肿。引起水肿的原因很多，有渗透压改变，心、肝、肾疾病，感染发炎，寄生虫病以及过敏物质引起的过敏反应等，均可诱发皮肤水肿病。

1. 心力衰竭导致循环障碍性水肿，这时猪耳静脉努张，四肢末端形成远心性水肿。多见于心肌炎。

处治原则：无治疗价值，应淘汰。

2. 颌下和四肢内侧皮肤松软处出现水肿，多见于内寄生虫病，如肝片吸虫。

处治原则：首先驱除肝及胃肠寄生虫。

3. 仔猪断奶后突然发生腹下水肿，还伴有精神紊乱、惊叫和转圈运动。多见于溶血性大肠杆菌病。

处治原则：肌内注射阿米卡星，结合皮下注射1%亚硒酸钠1毫升。若系极度消瘦，营养不良，则应增加蛋白质饲料。

4. 皮下水肿发生在孕后期，水肿部位位于后肢内侧及乳房基部，精神抑郁，排粪困难，体温偏低。多见于妊娠便秘性水肿。

处治原则：①肌内注射维生素 B_1 和维生素 B_{12}。②增加粗纤维饲料，防止便秘。③增加孕猪运动量和次数。

5. 水肿发生在怀孕前期，伴有精神沉郁，食欲减退，大便干燥，尿少而黄，有时呕吐黏液。多见于妊娠中毒症。

处治原则：①肌内注射肝 B_{12} 或维生素 B_{12} 和维生素 B_1，1天1次，连用3~4天。②内服环戊甲噻嗪、力勃隆、干酵母各5片，1天1次，连服5天。

6. 皮下水肿成块状，且突出于皮肤表面，并伴有奇痒和呼吸迫促，水肿处多在耳根、嘴唇、眼周围和阴部。多见于荨麻疹。

处治原则：①立即查找病因，除去过敏原。②肌内注射苯海拉明。③土单方，地肤子50克，红糖30克，煎成汁1000毫升，生鸡蛋1个，麸皮300克加水1000毫升，让其自饮。

(二十四)水肿的鉴别诊断

水肿性质	心脏性水肿	肾性水肿	肝性水肿	营养性水肿	内分泌性水肿	妊娠水肿
水肿部位	四肢末端、颌下处	全身皮薄毛稀处，眼皮、腹下部	四肢和腹下部多出现腹水	四肢及头部消瘦	头部，特别是额面部	腹下尤其是乳房
皮肤变化	皮肤呈青紫色	苍白	黄染及出血斑	粗糙、苍白、干燥、有皮屑	苍白	正常
心功能变化	心脏听诊区扩大，出现杂音	无大变化	变化不大	有缩期杂音而且清晰	心悸亢进	正常
肝脏变化	肝肿大	无大变化	肝萎缩，脾脏肿大	正常或稍肿大	正常	正常
呼吸变化	呼吸迫促	正常	呼吸浅表	正常	正常	心跳稍快
红细胞数变化	正常	减少	减少	减少	正常	正常
病因	心肌炎、心内膜炎	肾小球炎	肝硬化	长期营养缺乏症	激素、药物中毒	妊娠后期中毒症

（二十五）皮肤病态

皮肤病态是指皮肤在病因作用下出现的病理异常变化，如疹块、出血点、瘀血斑等。由于各种疾病的症状不同，表现在皮肤上形态各异。这些不同变化有助于对疾病的认识和确诊。

1. 全身局部皮肤出现硬肿块，且呈对称性，常见于仔猪，在四肢外侧脊背部皮肤变化明显，皮肤角质化，其表面覆盖灰白色粉状皮屑，有痒感。多见于缺锌性硬皮病。

处治原则：在饲料中增加硫酸锌含量。

2. 背部皮肤出现蓝紫色瘀血斑，体温 40~41℃，全身症状严重，如不食，耳、腹下皮肤发绀，眼睑充血红肿，有大量眼屎，咳嗽流泪。多见于弓形虫病。

处治原则：磺胺疗法，泰灭净混饲。

3. 脊背和耳朵出现青紫色瘀血块，后变成干性坏死，还伴有严重的全身症状，如难以控制的腹泻，拉黄绿色稀便，有时粪便中混有血丝和肠黏膜脱落，断奶后仔猪呈群发性，发病率达 90% 以上，死亡率在 80% 左右。多见于仔猪副伤寒（沙门杆菌）。

处治原则：可试用氟苯尼考疗法。

4. 高温高湿的季节，出现群发性高热 41~42℃，便秘，眼睑充血，在脊背部出现玫瑰红色方形或菱形样出血斑块，指压褪色。多见于猪丹毒。

处治原则：①用鸡蛋清溶解青霉素肌内注射。②土单方：用红土泥涂擦全身。

5. 群发性耳朵及阴部和背部皮肤出现紫红色充血，而后变成蓝色，并伴有体温 42℃，呼吸困难，咳嗽，孕猪流产。多见于猪蓝耳病。

处治原则：立即上报疫情，隔离消毒。

6. 全身皮薄毛稀处，如耳根、尾根、腹下部出现红色丘疹，并发展成为水疱、脓疱，结痂，传染很快，呈群发性。多见于猪痘。

处治原则：①加强饲养管理，用高粱米炒熟开花后饲喂。②病变部涂紫药水或碘甘油。

7. 皮下结缔组织出现散在性脓疱，破溃后流出白色稠脓，结痂后变成黑色硬壳，流黄色毒水。多见于葡萄球菌病。

处治原则：立即大剂量静脉滴注青霉素，1 天 1 次，连用 3 天。

8. 在颈部和背部出现慢性溃疡，呈圆形，周围呈红色肉芽，中间呈黑色坏死组织，老远望去很像眼睛，故名"猪眼子病"。多见于猪慢性坏死杆菌病。

处治原则：①静脉注射土霉素。②创面撒布生石灰。③福尔马林冲洗。

9. 皮肤表面出现散在性赘生物，凸出皮肤表面，呈菜花样，表面干硬龟裂。多见于真菌病。

处治原则：①内服抗真菌药。②患部涂擦来苏儿药水后，用 10% 石炭酸、凡士林药膏涂抹。

10. 哺乳仔猪皮肤出现湿疹，咳嗽，贫血，偶见腹泻和呕吐奶块，而且多在夏季多雨季节发生。多见于仔猪类圆虫病。

处治原则：内服甲紫 0.1 克，1 天 1 次，3 次为限。

11. 成年猪颈淋巴结肿大如拳头大小，不热不痛，质硬，表面凹凸不平。多见于猪结核病。

处治原则：应淘汰，不可食用。

（二十六）嗜黏膜性病毒病鉴别

1. 口腔及蹄部出现水疱，多在寒冷季节流行，仔猪死亡率高（伴发心肌炎），经常卧地，停止采食，四肢疼痛，跛行，少数猪蹄壳感染化脓、脱落。易感染所有偶蹄兽，人亦可感染，尤其儿童最易感染。多见于口蹄疫。

处治原则：①立即上报有关部门，隔离消毒，防止疫情扩散。②有病猪在封锁情况下加强饲养管理，保持圈舍地面干燥，及时清除粪尿，对溃疡处涂擦紫药水。

2. 口腔、蹄部溃烂呈慢性，并伴有神经紊乱，一年四季均有发生，不感染牛、羊，除口腔、蹄部溃烂外，还会表现兴奋不安，转圈运动。多见于猪水疱病（肠道病毒）。

处治原则：隔离消毒，喂饭店泔水时，必须煮沸后再喂，可减少感染机会。

3. 在夏季出现散发性口腔、蹄部溃烂，并且伴有体温升高至41~42℃，大量流口水，易感染马、驴而不感染牛、羊。多见于猪水疱性口炎。

处治原则：隔离消毒，上报疫情，提前做好该病疫苗接种。

4. 皮肤无毛处如口鼻内黏膜、肛门、乳头、皮肤上及黏膜发生水疱，关节肿大，跛行，喜卧地而很少走动。多见于猪水疱性疹。

处治原则：加强饲养管理，定期对圈舍消毒，尤其利用泔水喂猪时要煮熟后再喂，可切断传染源。

5. 春秋季节哺乳仔猪及断奶后的幼猪，呈群发性高热，达 41~42℃，在鼻盘、口唇及腹下部、眼皮处，发生结节性丘疹，突出皮肤表面，呈规律性发展，出现红斑→丘疹→脓疱→结痂过程，成年猪很少见到以上症状。多见于猪痘。

处治原则：①一旦发现该病，立即隔离消毒和驱除蚊蝇。②加强饲养管理，防止圈舍潮湿。③病变处涂抹碘甘油。

提示：以上这五种病，在症状方面往往容易相混淆，但只要细心观察，就会发现各有特点，从发病季节、易感动物、典型症状、传播途径、散发或群发来分析，不难确诊。

（二十七）哺乳仔猪皮肤病变鉴别

仔猪皮肤幼嫩，新陈代谢旺盛，敏感性也高，有许多疾病可从皮肤变化反映出来，尤其是发生急性感染性疾病时，皮肤上会出现某种疾病特有的典型症状，这就给临诊鉴别诊断提供了可靠的依据。因此，对仔猪疾病的诊断，皮肤检查不可忽视。

1. 哺乳仔猪突然发生皮肤粗糙，精神萎靡，吮乳欠佳，并且出现陆续死亡。多见于仔猪癞皮病（烟酸缺乏症）。

处治原则：①立即选用烟酸补饲母猪。②在母猪饲料中减少玉米含量。

2. 周龄内的仔猪表现吮乳不积极，呕吐奶块，腹泻，拉灰色稀便，背部皮肤出现绿豆大小的鲜红色结节，而后变成火山口样溃疡，结痂后呈红色条纹。多见于仔猪玫瑰糠疹（真菌病）。

处治原则：淘汰种公猪。

（二十八）黄疸

黄疸形成的原因是血液中胆红素增高，引起可视黏膜及皮肤发黄，主要是肝脏病后反映在外部皮肤的一种症状。

1. 病猪外观贫血，可视黏膜呈杏黄色，被毛粗乱，腹泻，眼皮水肿，尿黄，食欲不佳，生长缓慢。多见于肝片吸虫病。

处治原则：用硝氯酚驱虫。

2. 在夏季高温多雨季节，病猪突然高热42℃以上，体表淋巴结肿大，有热痛感，肘后皮肤黄染，尿呈棕红色。多见于血液原虫病和钩端螺旋体病。

处治原则：静脉注射黄色素。肌内注射青霉素、链霉素（双抗）。

3. 眼结膜黄色，精神反常，时而兴奋时而沉郁，局部肌群抽搐，厌食饲料，渴欲增加，有时腹泻，拉淡黄色稀便，尿少呈黄色。多见于黄曲霉中毒。

处治原则：立即更换饲料。

4. 猪长期采食酒糟后逐渐发生便秘，排粪困难，食欲大减，而腹部膨大，全身被毛粗乱，腹部皮肤充血出现皮疹。多见于酒糟中毒。

处治原则：①肌内注射尼可刹米。②土单方，茶叶红糖煎水让其自饮。

（二十九）腹痛

腹痛是内脏生理功能紊乱引起的疼痛，分急性和慢性两个类型。它是多种疾病的一种共同表现，特别是多与消化系统有关，如肠痉挛、肠阻塞，往往表现为突然发病，疼痛剧烈，兴奋不安，急起急卧，有时用后腿蹭腹等异常病态。

1. 饮水后突然出现剧烈腹痛，兴奋不安，急奔快跑，卧下又猛站立，伸头缩颈，低头时有粪水从口鼻流出。多见于胃积食。

处治原则：①肌内注射安乃近。②内服酸牛奶。

2. 病猪表现阵发性兴奋不安，四肢乱蹬，间歇性凹腰，多发生于采食或饮冰冷水之后，排粪次数增多，拉带黏液性稀便。多见于胃肠痉挛。

处治原则：止痛解痉。①肌内注射安乃近。②针灸疗法，火针脾俞穴。

3. 突发性腹痛，呕吐物带血，精神沉郁，呆立不动，全身发抖。多见于胃肠破裂。

处治原则：预后不良。

4. 病猪频频努责，但无粪尿排出，口腔干燥，腹围增大，眼结膜充血。多见于排粪困难。

处治原则：①肥皂水灌肠。②肌内注射马前子酊 1 毫升。③土单方，番泻叶 5 克煎服。

5. 哺乳仔猪突然出现不安，凹腰，拉水样稀便。多见于仔猪肠痉挛。

处治原则：①立即用热毛巾热敷腹部。②用硫酸阿托品一滴滴入鼻孔内。

（三十）便血

便血是指排大便时随粪便带出的棕红色粪便，甚至是鲜红血液，有时血混在粪中间，有的血附在粪表面，如拉稀时呈西红柿水样。多见于出血性肠炎、寄生虫病，也有直肠损伤流出鲜血。

1. 便血伴有剧烈疼痛不安，长时间停止排粪，仅见排出少量血色稀水从肛门流出，这种疼痛初为间歇性，随后变为持续性。多见于肠套叠。

处治原则：只有手术疗法或淘汰。

2. 病猪排出黑色粪便，消瘦，食欲时佳时坏，可视黏膜贫血，眼睑浮肿，四肢末端肿大。多见于胃虫引起的胃出血及小肠寄生虫病。

处治原则：首先驱虫，然后内服腐殖酸钠。

3. 病猪经常腹泻，粪便表面含有血丝，进行性消瘦但不贫血，粪便中混有胶冻样物。多见于猪鞭虫病。

处治原则：左旋咪唑按 7 毫克/千克体重一次内服。

4. 排粪时有痛苦样，粪便呈棕红色水样稀便，生长缓慢。多见于慢性结肠炎。

处治原则：替米考星内服或拌饲。

5. 哺乳仔猪无明显全身症状，唯排黑色油状稀便。多见于仔猪球虫病。

处治原则：可用磺胺或莫能霉素治疗。

6. 断奶后仔猪出现间歇性便血（酱油样粪便），有时粪便混有血丝或棕色血便。多见于毛首线虫病。

处治原则：左旋咪唑疗法。

（三十一）粪便颜色

猪的粪便颜色是随着采食饲料有所变化，但一般来说，猪粪便较干，颜色为褐色，表面光滑含油样光泽。喂青绿多汁蔬菜时，粪便呈黄绿色；喂混合饲料时，粪便呈黄褐色。

1. 哺乳期的仔猪，排稀薄灰白色或牙膏样粪便，伴有呕吐。多见于仔猪白痢。

处治原则：①大安乳剂治疗。②土单方，用干燥的毛白杨树叶 10 千克，放在猪舍地面，均匀摊开，点火燃烧成灰，母猪卧下时草木灰粘在乳头上，趁仔猪吮乳时吃进即可。

2. 断奶后仔猪，出现群发性喷射状腹泻，粪呈灰白水样，肛门失禁，排粪时伴有放屁及粪中混有气泡。多见于流行性腹泻。

处治原则：口服补液盐疗法（猪舍禁止牛、羊接近）。

3. 哺乳仔猪发生群发性黄色稀薄粪便，呕吐，进行性消瘦，发病率 70%，死亡率 20%。多见于轮状病毒病。

处治原则：口服补液疗法。

4. 每年冬春季节，发生群发性黄绿色腹泻，呕吐，体温偏低，10 日龄仔猪发病率 100%，死亡率 90%，成年猪呈良性经过，仅有 2~3 天腹泻即自愈。多见于猪病毒性肠炎。

处治原则：对怀孕母猪接种传染性胃肠炎冻干疫苗。

5. 病猪排泄粪便呈杏黄色，伴有全身症状，如腹痛不安、呕吐胆汁（黄色油状液体）。多见于肝脏病或胆管堵塞。

处治原则：应淘汰，无医治价值。

（三十二）腹泻

腹泻是多种消化道疾病的一个共同症状，在不同的病因作用下，胃肠功能紊乱，消化能力下降，胃肠蠕动亢进，胃肠黏膜充血发炎，渗出物增加而吸收减少，甚至出现胃肠痉挛，表现为腹痛、腹泻、呕吐、便秘，严重时出现脱水和酸中毒。

1. 突然出现呕吐和腹泻，体温升高，口腔和眼结膜充血。多见于急性胃肠炎。

处治原则：抗菌消炎，清肠补液，缓解酸中毒。

2. 猪采食后突然出现腹泻，呕吐，口吐白色泡沫，体温偏低，口鼻呈青紫色。多见于急性食物中毒。

治疗原则：查找病因，对症解毒。

3. 腹泻的同时伴发高热 40～41℃，呈群发性发病，拉出粪便恶臭，呈西红柿水样。多见于梭菌性出血肠炎。

治疗原则：预后不良。

4. 腹泻伴有咽喉肿胀，呼吸困难，腹下有出血点，犬坐姿势，体温高达 40～41℃。多见于猪肺疫。

治疗原则：四环素静脉注射，替米考星疗法。

5. 腹泻伴有大量肠黏膜脱落，全身皮肤发绀，耳根、唇部、腹下、肛门有出血点。多见于巴氏杆菌病。

治疗原则：高剂量抗生素静脉注射。

6. 2～4 月龄仔猪出现群发性腹泻，拉黄绿稀便，初期体温升高 1～1.5℃，慢性经过，顽固性腹泻，耳及背部呈紫红色，甚至出现干性坏死。多见于仔猪副伤寒。

治疗原则：氟苯尼考疗法。

7. 牛黏膜病（冬痢），哺乳仔猪被感染后，腹泻，皮肤苍白，吮乳不欢，关节炎，跛行，被毛粗乱，消瘦。慢性经过，剖检心、肾外膜有出血点，结肠有溃疡面。

处治原则：目前尚无疗法。

8. 猪的细菌性腹泻鉴别

病名	病原	特征症状	一般症状	流行病学特点			
				病因	易发年龄	发病率	死亡率
仔猪白痢	大肠杆菌	呕吐,拉牙膏样大便,后期拉灰白色稀粪	肛门及尾被粪便污染	圈舍未消毒	10~20日龄	50%	3%
仔猪黄痢	溶血性大肠杆菌	出生后不久拉黄色水样便,腹脸水肿	肛门松弛,全身震颤,消瘦脱水	圈舍未消毒	2~3日龄	70%	100%
仔猪红痢	C型魏氏梭菌	群发性腹泻,拉西柿水样血便	死前全身抽搐,全身皮肤苍白	舍内污水	1~2日龄	90%	100%
副伤寒	沙门杆菌	慢性经过,拉绿色稀便,体温40~41℃	耳朵、腹下皮发紫,有出血点	外来疫源	断奶后及架子猪	100%	70%
中毒性胃肠炎	真菌	体温低,全身发抖,心跳缓慢	拉灰色稀粪水,呕吐	饲料问题	青年猪	50%	5%
猪痢疾	猪痢疾短螺旋体	肛门充血,腹泻,腹泻时用力努责易脱肛	拉稀粘液及胶冻样粘液	外来疫源	无年龄别	40%	10%
结肠小袋虫病	原虫	慢性经过,顽固性腹泻	日渐消瘦,生长缓慢	自然感染	无年龄别	40%	30%

39

9. 病毒性腹泻鉴别

病名	病原	特征症状	一般症状	流行病学特征			
				季节性	易发性年龄	发病率	死亡率
猪传染性胃肠炎	传染性胃肠炎病毒	突然出现群发性腹泻,仔猪兼呕吐,青年猪先肚胀(不吃食而肚子大)	厌食,精神不佳,拉绿色水样稀水粪便	冬季	不分年龄均易感染	青年猪呈良性经过 仔猪100%	仔猪80%
猪流行性腹泻	猪流行性腹泻病毒	体温升高达40℃以上,停止采食,口渴	肚子胀,拉泡沫性稀便	外来疫源	断奶后仔猪	70%	10%
猪感染牛黏膜病	牛病毒性腹泻病毒	母猪泌乳停止,呕吐,哺乳仔猪水泻,粪带血丝	心,肾有出血点,肠炎	冬季	不分年龄均易感染	100%	100%
猪伪狂犬病	伪狂犬病病毒	成年猪流产,死胎,哺乳仔猪全身感觉过敏,尖叫,痉挛,共济失调	腹泻,呕吐,流鼻涕,有神经症状	无	不分年龄	成年猪呈良性经过 90%	60%
猪瘟	猪瘟病毒	高热41~42℃,眼炎,腹泻,全身发抖,有眼屎	腹下皮肤有出血点	无	无区别	70%	60%
非洲猪瘟	非洲猪瘟病毒	群发性高热,腹泻,全身水肿	体温下降后表现停止采食,流鼻涕,四肢末端呈紫蓝色,内脏诸浆膜出血	无	无	100%	100%

（三十三）耳朵异常变化

1. 经常从耳朵内流出黄色渗出物，呈恶臭，平时歪头斜耳，频频摇头。多见于败血性链球菌病后遗症。

治疗原则：过氧化氢冲洗耳道后灌注大安乳剂。

2. 耳根部肿胀，常见病猪仰头斜身，食欲大减，耳朵内流出脓性黄水。多见于中耳炎。

治疗原则：用硼酸水冲洗耳道后，往耳孔内灌注西林油。

3. 整个耳朵肿胀，病变部皮肤呈紫红色，触诊有波动感。多见于耳血肿。

治疗原则：消毒肿胀部后，切开波动处，排除脓血，用碘伏引流。

4. 双耳朵尖部出现干性坏死，并有淋巴液外渗。多见于弓形虫病、猪副伤寒、坏死杆菌病。

治疗原则：对症治疗，病变耳朵无须处理。

（三十四）鼻出血与鼻涕

鼻孔有流出物是常见病态，尤其是呼吸道和鼻腔本身的疾病，其病因很多，如急热性病、感染性病、鼻腔炎及鼻外伤等，肺、胃出血病也会从鼻孔流出血液，因此，从鼻孔流出的血液颜色和鼻涕黏稠度及颜色变化，对疾病诊断至关重要。

1. 鼻孔流出鲜血，在外界高温情况下，呼吸迫促，眼充血，尿少而黄。多见于肝火盛。

处治原则：①冷敷头部。②肌内注射维生素 C。③内服十滴水。

2. 从一侧鼻孔流出鲜血，鼻梁肿胀，有外伤史。多见于鼻黏膜损伤。

处治原则：①抬高头部，用冷水洗头。②肾上腺素滴鼻孔内。

3. 双侧鼻流鲜血，伴有咳嗽，血中混有气泡，听诊肺部出现啰音。多见于肺出血。

处治原则：无医治价值，淘汰。

4. 鼻流暗红色血液，呈酸性反应，伴有呕吐，且血中混有食糜。多见于胃出血。

处治原则：无医治价值，淘汰。

5. 鼻流黄色稠涕，且伴有痉挛性阵咳，又多发生在夜间及夏末季节。多见于肺丝虫。

处治原则：按7毫克/千克体重一次肌内注射左旋咪唑。

6. 鼻流脓性浆液性稠鼻涕，伴有高热，不断出现咳嗽，呼吸困难，大便干燥。多见于支气管肺炎。

处治原则：抗菌，镇咳。

7. 鼻流暗红色黏稠鼻涕，伴有高热，疼痛性咳嗽，呼吸困难。多见于大叶性肺炎。

处治原则：①退热镇咳。②替米考星疗法。③土单方，棉花的白花拌蜂蜜煎汁内服。④针灸，山根、风池、肺俞穴。

（三十五）咳嗽

咳嗽是机体的一种保护性反应，通过咳嗽可将呼吸道异物排出体外。咳嗽属于非条件反射，不随意运动，咳嗽的发生，首先引起深呼吸，然后关闭声门，经肺猛烈收缩，冲开声门而形成。咳嗽种类很多，各种不同性质的咳嗽能反映出各种病的特征，具有诊断参考价值。

1. 当出现连续性咳嗽时表现痛苦，伴有体温升高，呼吸迫促，黏膜黄染，流浆液性鼻涕，食欲大减。多见于小叶性肺炎。

处治原则：抗菌，镇咳。针灸苏气穴及大椎穴、肺俞穴。

2. 突然发生全身震颤，阵发性剧烈咳嗽，呼吸困难，又多发生在内服药之后。多见于异物性肺炎。

处治原则：预后不良。

3. 咳嗽兼有大量流涎，鼻端发绀，呼吸困难，鼻孔流白色泡沫，皮下气肿。多见于急性肺气肿（因吸入毒气、失火烟熏引起）。

处治原则：预后不良。

4. 长期干咳，食欲欠佳，日渐消瘦，慢性经过。多见于支原体肺炎。

处治原则：替米考星疗法。

5. 阵发性短咳，流浆液性清涕，体温、食欲变化不大。多见于一般感冒。

处治原则：①安乃近、异丙嗪内服。②针灸，山根、太阳穴，用小宽针刺入见血即可。

（三十六）呼吸系统病演

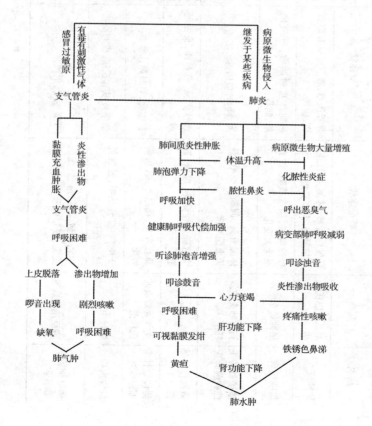

（三十七）呼吸道传染病鉴别诊断

病名	病原	特征症状	一般症状	流行病学特点			处治原则
				传染途径	传媒	季节性	
猪肺疫	多杀性巴氏杆菌	阵发性痛咳,体温41℃,咽喉部肿胀,大坐姿势	呼吸困难,腹下皮肤有瘀血斑,腹泻	呼吸道	排泄物	秋冬	氟苯尼考
猪喘气病	猪肺炎支原体	慢性经过,经常咳嗽,饮食欲无大变化	后期严重时减食,呼吸困难,病程长	呼吸道	排泄物	无季节性	卡那霉素
猪接触传染性胸膜肺炎	胸膜肺炎放线杆菌	体温升高,间断性咳嗽,鼻流血性泡沫	严重时呼吸困难	呼吸道	接触	冬季	泰妙霉素
猪流行性感冒	甲型流感病毒	突然群发性高热,咳嗽,四肢不灵活	食欲大减,流鼻涕,良性经过	呼吸道	空气、飞沫	秋冬	板蓝根等药物
猪传染性萎缩性鼻炎	支气管败血波氏杆菌	鼻孔发炎,堵塞不通,用嘴呼吸	打喷嚏,有时鼻孔流血	呼吸道	接触	无季节性	卡那霉素
肺丝虫病	肺丝虫	干咳,痉挛性咳嗽,慢性经过,病程长	腹下皮肤有丘疹,夜间剧咳	消化道	排泄物	夏季	左旋咪唑
猪巨细胞病毒感染	猪巨细胞病毒	哺乳仔猪鼻炎,鼻塞,无法吮乳,张口呼吸,流鼻涕	呼吸困难,消瘦	呼吸道	接触	无季节性	板蓝根等

（三十八）呼吸困难

呼吸困难是机体氧代谢障碍的一种表现，即组织间得不到氧气而体内有害气体又不能及时由肺呼出，这时，机体采取代偿作用以加快呼吸频率，张口伸舌，胸腹壁猛烈收缩，甚至采取犬坐姿势，目的是为了缓解呼吸困难。

1. 吸气性呼吸困难，特征是呼吸次数并不增加，而是用吸气时间延长来弥补吸入空气不足，外观出现劳息沟（季肋骨扩张引起的肋间凹陷）。多见于上呼吸道狭窄。

处治原则：肌内注射硫酸阿托品和激素疗法。

2. 呼气性呼吸困难，特征是呼气时间延长，表现两段呼吸，即发出吭声。多见于肺气肿、肺泡扩张。

处治原则：输氧，镇静。

3. 发喘、呼吸频率加速达 80~100 次/分，群发性，慢性经过，消瘦，咳嗽，被毛粗乱。多见于猪喘气病。

处治原则：①氟苯尼考疗法。②硫酸卡那霉素亦可。

4. 突然发生嘴、鼻、耳肿胀，全身痒感，皮肤出现扁平疹，凸出于皮肤表面，呈不规则形状，有的圆形，有的方形，有的融合成片。多见于过敏性皮炎，荨麻疹。

处治原则：①苯海拉明疗法。②查找过敏原立即排除。

5. 在夏季高温多雨季节里，猪发热 41~42℃，体表淋巴结肿大，眼结膜充血，呼吸困难，尿呈酱油色，血红蛋白尿，全身皮肤发绀。多见于钩端螺旋体病。

处治原则：肌内注射链霉素，忌用退热药。

6. 怀孕母猪频频做排尿姿势，排出血色黏液，发喘，呼吸窘迫。多见于先兆流产。

处治原则：肌内注射黄体酮。

（三十九）昏迷

当中枢神经受到严重抑制时，猪的知觉意识完全丧失，全身肌肉松弛，躺卧安静不动，呈昏迷状，严重时瞳孔散大，但呼吸和心跳功能仍然存在。

1. 在高温盛夏长途运输时，突然出现步态不稳，烦躁不安，张口呼吸，耳静脉努张，倒地昏迷。多见于热射病。

处治原则：①立即放耳静脉血。②灌服藿香正气水。

2. 母猪产后 3 天内，突然表现走动摇摆，排粪困难，体温下降，卧地不起，呈昏迷状，对各种刺激反应迟钝。多见于产后瘫痪。

处治原则：①立即肌内注射氢化可的松。②静脉注射 10% 葡萄糖和葡萄糖酸钙。

（四十）血尿

尿液的颜色变化，可反映出动物的健康状况，如泌尿生殖系统、新陈代谢、中毒等疾病，首先是尿发生异常变化。血尿呈淡红色、暗红色或棕红色，静置后上部清亮底部出现红色沉淀及血块，若系溶血性血尿则呈均匀的红色透明。

1. 猪常做排尿姿势，表现疼痛，排尿后段出现红色血液及黏液。多见于膀胱炎。

处治原则：①氧氟沙星、乌洛托品疗法。②土单方：鲜车前草、鲜小蓟各 250 克煎服。

2. 病猪表现四肢僵硬，弓腰，尿呈棕红色混浊，有全身症状，眼充血，皮肤有出血点。血尿源于肾，多见于猪瘟、猪丹毒病继发的肾炎。

处治原则：①中草药，瞿麦、秦艽、车前子、木通各 15 克煎服。②土单方，水芹菜根 100 克煎服。

3. 在初夏期间种公猪表现后肢不灵活，弓背，不愿交配，排尿呈红褐色。多见于猪肾虫病。

处治原则：驱虫。①5%左旋咪唑肌内注射5毫克/千克体重。②伊维菌素按0.03毫克/千克体重内服。

4. 病猪在开始排尿时就排出鲜血，而排尿后段变为无血色，同时表现排尿用力，尿呈细线或滴状。血尿源于尿道，多见于尿道炎、包皮炎。

处治原则：发炎局部按外科冲洗消毒。①鲜桃树叶500克熬水冲洗患部。②玉米缨、红柳树根（水中生的根）各100克煎水服。

5. 在夏初，猪高热41~42℃，心跳过速达100次/分，尿呈酱油色，全身皮肤贫血黄疸。多见于溶血性血尿，属血孢子虫病。

处治原则：①静脉注射黄色素。②土单方，鲜大叶黄蒿1500克，挤压出汁一次灌服。

6. 在盛夏高温高湿季节，病猪高热，体表淋巴结肿大，眼结膜充血，尿呈浓茶色。多见于钩端螺旋体病。

处治原则：硫酸链霉素肌内注射，忌用安乃近退热。

7. 怀孕母猪频频做排尿姿势，腹痛不安，阴门流出血色尿液。血尿源于产道，多见于先兆流产。

处治原则：①肌内注射黄体酮。②中草药，白术、当归、续断各15克煎服。③土单方，鲜艾叶250克熬水服。

（四十一）不孕症

凡适龄母猪，不能按时发情配种，或久配不孕，统称为不孕症。随着规模化、集约化养殖业的发展，由于饲养管理、饲料成分的改变，直接影响到猪的生殖规律的改变。如性激素分泌失调，发情力度下降，准胎率不高，久配不孕增加等，已成为影响养猪业的难题。

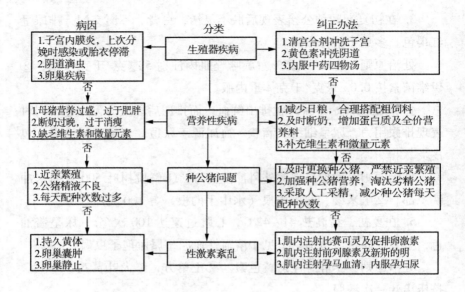

提示　快速诊断母猪是否怀孕的方法。

　　1. 在安静状态下，接近可疑母猪，让母猪走动几步后站立不动，这时用拇指和食指捏按猪胸腰椎结合部脊背，若猪凹腰为没有怀孕，反之，拱腰不安或拒绝按压为已经怀孕。

　　2. 早上收取被检猪鲜尿 10 毫升，装入干净小玻璃瓶内，然后滴入醋 5 滴，振荡均匀后，再加入 1% 碘酒 5 滴，振荡均匀，放在火上加热至沸，如尿变成红色即为已孕。

（四十二）引起母猪繁殖障碍性疾病的鉴别诊断

病名	病原	特征症状	一般症状	传染途径	传媒	季节与流行
猪繁殖与呼吸障碍综合征	猪繁殖与呼吸综合征病毒	厌食，发热，咳嗽，腹式呼吸，眼炎，流产，死胎，耳鼻呈蓝色	四肢末端、乳头、阴唇发紫蓝色，新生仔猪水肿，尤其眼睑水肿	呼吸和胎盘	禽	无季节性，流行
猪蓝眼病	猪副黏病毒	乳猪发热，共济失调，后肢瘫；繁殖母猪久配不孕，返情	仔猪眼球震颤，角膜呈蓝色，母猪产仔数少且断奶后久不发情	直接接触	带毒猪	无季节性，散发
猪巨细胞病毒感染	猪巨细胞病毒	孕母猪产死胎多；仔猪鼻炎，颌下水肿，关节炎	成年猪无可见症状，只有孕猪产死胎和弱仔	呼吸和消化道	鼻、涕、排泄物	无季节性，散发
猪肠病毒感染	猪肠病毒	孕后1～2个月出现终止妊娠，阴道流浅棕色黏稠分泌物	其他猪表现发热，咳嗽，舌麻痹，脑炎，心动过速	接触与垂直感染	鼠	无季节性，散发
猪伪狂犬病	伪狂犬病病毒	怀孕母猪流产，死产及超月妊娠；仔猪高烧，神经紊乱，喘气	成年猪呈隐性，呕吐，腹泻，个别猪尖叫，全身抽搐	呼吸与消化道	鼠	无季节性，散发
猪细小病毒病	猪细小病毒	只见头胎猪分娩时出现死胎，木乃伊胎，胎儿发育不一致，有大也有很小个体	成年猪第二胎分娩不显异常现象	带毒病猪	接触	无季节性，散发
李氏菌病	产单核细胞李氏杆菌	仔猪（断奶后）脑炎，孕猪流产；全部死胎	病初高热，咳嗽，腹泻，局部皮肤发红，有惨块	消化道	鼠	无季节性，散发

续表

病名	病原	特征症状	一般症状	传染途径	传媒	季节与流行
弓形虫病	刚第弓形虫	高热稽留、便秘、厌食、头、耳及腹下皮肤呈红紫色、孕猪多流产、脊背部皮肤坏死	精神高度沉郁、全身寒战、眼睛充血、红染	呼吸、接触	鼠、蚊	7~9月多发
猪衣原体病	鹦鹉热衣原体	母猪怀孕后期发生流产、分娩出死胎或弱仔、种公猪睾丸发炎、肿大	眼角膜发炎、流泪、关节肿、跛行	水平与垂直传播	禽类	散发
布鲁菌病	猪布鲁菌	母猪感染后多在孕后3个月发生流产、产前厌食、乳房、阴唇肿大、排脓性分泌物	流产胎儿皮肤发绀、有弱仔及木乃伊胎；母猪后躯轻瘫、关节炎、公猪睾丸大、性欲下降	消化道及性传染	污染物	无
繁殖障碍型猪瘟	弱毒猪瘟	怀孕母猪易出现早产或胎儿发育受阻、表现胎儿发育不衡、个体大小差异大、活胎儿表现弱仔和死胎	存活胎儿瘦弱、行走时四肢僵硬、全身发抖、甚至震颤得无法吮乳	孕猪接种猪瘟弱毒疫苗	垂直感染	无
流行性乙型脑炎	流行性乙型脑炎病毒	神经紊乱、唇舌麻痹、视力下降、流产时乳房肿大、死胎和木乃伊胎	兴奋与抑制交替出现、眼结膜充血潮红	接触	吸血昆虫、蚊虫	夏季

提示： 快速确定孕猪临产分娩时间，外观可见精神不安，欲寻找草做窝，表现排类频繁日类小量少，最后一对乳头可挤出乳汁，阴户分泌物增多，阴门周围肌肉和皮肤疏松，具备以上特征，可在12~24小时内分娩。

(四十三)咳嗽的鉴别诊断

病名	病原	流行特点	主要症状	剖检
肺丝虫	后圆线虫	平养、散养猪多发、蚯蚓传播	采食时及夜间表现阵发性、痉挛性咳嗽	气管内有白色丝状虫体
猪流感	甲型流感病毒	流行性、人畜共患	间断咳嗽、流清涕、体温升高	上呼吸道卡他性炎症
猪肺疫	多杀性巴氏杆菌	多发生在气候剧变时	吭咳、呼吸困难、腹泻	腹下皮肤充血、有出血点、内脏有出血点
猪接触传染性胸膜肺炎	胸膜肺炎放线杆菌	幼猪、青年猪多发	发热、眼炎、疼痛性咳嗽、耳、腹下呈紫红色	肺呈鱼肉样、诸浆膜粘连、胸水
猪喘气病	肺炎支原体	断奶后仔猪多发、死亡率高	痉挛性咳嗽、气喘	对称性肺尖部硬化、大理石样实变
猪传染性萎缩性鼻炎	支气管败血波氏杆菌	青年猪多发生	喷嚏性咳嗽、鼻塞、流血性鼻涕	鼻软骨萎缩变形
蓝耳病	猪繁殖与呼吸综合征病毒	母猪和仔猪多发生	体温 41~42℃、咳嗽、发喘、耳、四肢末端呈紫红色	淋巴结肿大、腹腔积水
猪伪狂犬病	伪狂犬病病毒	散发、整窝发生	咳嗽、有神经症状、仔猪腹泻、母猪流产	肺水肿、肾脏有出血点
猪蛔虫病	猪蛔虫	断奶后仔猪群发	咳嗽、被毛粗乱、便秘与腹泻交替出现	小肠有虫体、腹下部皮肤丘疹
鼻气管炎	绿脓杆菌	散发、死亡率高	阵发性咳嗽、流绿色脓性鼻涕	鼻腔黏膜有溃疡
肺炎	双球菌	散发	多由感冒诱发咳嗽、高热 41℃、流脓性血鼻涕	肺间质增生、肺水肿、气管充血变深

（四十四）呼吸异常的鉴别诊断

病名	病原	特殊症状	一般症状	流行特点
副猪嗜血杆菌病	副猪嗜血杆菌	关节炎，胸膜摩擦音，全身皮肤充血	咳嗽，呼吸加快，跛行，四肢僵硬，眼睑水肿	接触传染，青年猪多发生，区域性流行
猪流感	A型流感病毒	腹式呼吸，突然群发性咳嗽，体温升高，流浆液性鼻涕	食欲停止，寒战，眼充血，流泪	大流行，所有猪均易感染
链球菌病	链球菌	头部水肿，高热，呕吐，眼炎，眼周围呈黑色，呼吸加快	关节肿大，跛行	地区性流行，多在春夏季发生，没有年龄之分，均易感染
波氏杆菌病	败血性波氏杆菌	鼻子炎，呼吸迫促，肺表面有块状病变，呼吸不畅	流鼻涕，体温偏低，病程长，采食下降	区域性发生，断奶后仔猪多发生
猪副流感	副猪嗜血杆菌	眼炎，充血流泪，呼吸迫促，内脏有出血点（似猪瘟）	高热40~41℃，腹泻与便秘交替出现，皮肤有出血点	散发，多在长途运输后发生
肺线虫病	后圆线虫	阵发性呼吸困难，痉挛性咳嗽之后，咽嚼咽下	流黄色鼻涕，腹部皮肤有湿疹	散发，农村散养素猪户多见

（四十五）断奶前后仔猪腹泻的鉴别诊断

病名	病原	易发日龄	症状	发病率	死亡率	处治原则
区域性胃肠炎	未知	哺乳期间	拉黄白色水样，呈酸性粪便，pH6~7	70%	5%	黄芪多糖饮水
猪球虫病	猪等孢球虫	断奶前后	拉酱色稀便，个别便秘，排鼠粪样干便	10%	3%	磺胺或莫能霉素
猪痢疾	猪痢疾短螺旋体	15日龄后的猪	拉胶冻样稀便	10%	3%	替米考星内服
猪传染性胃肠炎	猪传染性胃肠炎病毒	6日龄至大猪	拉浅绿色水样稀便，呕吐，消瘦，脱水	100%	哺乳仔猪100%	口服补液盐疗法
猪轮状病毒感染	轮状病毒	哺乳期的仔猪	停止吮乳，拉黑色稀便，呕吐	90%	10%	黄芪多糖饮水
猪增生性肠炎	细胞内劳森菌	断奶后的仔猪	拉黑色油状带血稀便，会突然死亡	50%	5%	替米考星内服
猪流行性腹泻	猪流行性腹泻病毒	没有年龄区别，均易感染	呕吐，腹泻，粪呈灰黄色稀水样	100%	50%	口服补液盐疗法，提前接种灭活疫苗
仔猪白痢	大肠杆菌	10~20日龄仔猪	初期拉白色牙膏样便，随后变成灰白色水样	40%	5%	氧氟沙星，蜂蜜涂擦母猪乳头
仔猪黄痢	大肠杆菌	1~3日龄	拉黄色水样稀便，很快脱水死亡	100%	100%	新霉素饮水
仔猪红痢	魏氏梭菌	5~10日龄	拉西红柿水样稀便	100%	100%	洁霉素肌内注射
仔猪副伤寒	沙门杆菌	断奶后发生	初体温升高至40~41℃，拉绿色水样稀便后降至常温，耳、腹下呈紫红色	90%	100%	氟苯尼考混饲

注：口服补液盐配方参看传染病中传染性胃肠炎项内。

三、中兽医辨证论治的基本点

1. 中兽医认为，物质世界是由金、木、水、火、土五种元素构成的，动物体是由五脏，即肺、肝、肾、心、脾构成，前者叫五行，后者叫五脏。五行与五脏结合，即金属肺、木属肝、肾属水、火属心，土属脾等构成五行学说。五行学说认为机体与环境是统一整体，各脏器之间既相互促进又相互制约，才能获得平衡，机体与环境及脏器之间一旦失去平衡，就成了病态。医生能使不平衡变为平衡，从而治疗疾病。

2. 阴阳学说：世界分阴阳，白天为阳，夜间为阴，机体脏器分阴阳，心为阳，小肠为阴等，医生能使阴阳得到正常运行。

3. 辨证论治：运用望、闻、问、切的手段收集示病特征分析症状，判断出某个脏腑异常现象，归纳出正邪、阴阳、表里、标本的症候群，得出急则治其标、缓则治其本的原则。如感冒治疗的原则是先退热、后抗菌。

4. 八证：即表里、热寒、虚实、阴阳。

表里：指病变的部位和深浅，如感冒的初期为表证，治疗原则是以解表发汗退热为主；后期继发肺炎为传里，即成为里证，治疗原则是败毒（抗菌）通便为主。

热与寒：机体突然出现体温升高叫热证，表现口色赤，尿短而黄，口干舌燥。机体出现全身寒冷，体温低，口色白，肠鸣泄泻，小便清长，叫寒证，治疗原则是温中散寒，补中益气。

虚与实：虚证是指机体元气不足，体弱消瘦，口色淡薄，流清涎，治疗原则是补气消积（驱虫）。实证是指病在里，大便秘结，气滞肚胀，中气不通，呕吐，口色红舌苔厚，尿黄，治疗原则是消导，泻下。

阴与阳：阳证是指起病急，狂躁不安，发高热，如急性瘟疫，治疗原则是清热败毒，泻心火，通大肠。阴证是指起病缓慢，低头耷耳，鼻耳凉感，立方原则是健脾，补中益气。

5. 六因辨证：六因是指外因，如气候饮食变化对机体的直接影响，且受刺激后的反应，即风、寒、暑、湿、燥、火。

风：是指贼风侵袭后全身麻木，肌肉疼痛。立方原则是祛风胜湿，滋阴降火。

寒：是指机体受寒冷袭击，饮冰冷水，猛雨淋，表现体温低，肠鸣泄泻。立方原则是辛温散寒，升提中气，附子理中散为首选。

暑：是指酷暑、高温、闷热引起的体温超高，各脏器亢盛，表现兴奋不安，口色红，心动过速，大量流涎。立方原则是镇静、降温，藿香正气水为首选。

湿：指在高温高湿的环境中引起的机体气血停滞，如生黄肿、肌肉肿痛、腹水、水肿、关节肿大。治疗原则是燥湿利水，以五加皮散为首选。

燥：是指环境干燥使机体津液亏损或呕吐及腹泻，机体水分损失而引起的脱水，表现鼻干、口燥、毛焦、发喘。立方原则以四鲜散为首选。

火：是指在气候影响下，热急生火，表现口红，眼红，生口疮，大便干少，尿少而红。立方原则是滋阴降火，三黄散为首选。

四、传染病

传染病，是危害猪的最严重疫病，是养猪业的大敌，养猪成败，在很大程度上取决于对传染病防治的效果，尤其是规模化养猪场，若疏于防患，往往会引起传染病的发生，造成大批死亡，造成不可弥补的经济损失。而且有些人猪共患病还会构成对人的威胁。因此应该引起养猪户的高度重视，采取切实可行的防治手段，尽可能地控制和杜绝传染病的发生和传播。

传染病的发生和流行规律必须具备三个环节，即传染源（病原微生物）、传染途径（传染方式——传播媒介）、易感动物（动物的抗病和免疫状态），只有这三个条件都具备，才能引起疫病流行。若缺乏其中之一，疫病就不会发生和流行。

现阶段消灭烈性传染病（如口蹄疫、布氏杆菌病等）的方法是：①彻底消灭已受感染动物，急宰、烧毁、检疫和隔离。②控制外部环境，防止疫原传入和传出，彻底消毒，防止动物流动，消灭蚊蝇。③提高受威胁区域猪的抗病能力，紧急防疫注射。

猪圆环病毒感染

本病是由猪圆环病毒 2 型（PCV2）引起猪的传染病。该病毒是动物病毒中最小的一种，也是一种免疫抑制性传染病。以新生仔猪 1 周龄左右出现先天性震颤、仔猪断奶后 8~13 周龄发生多系统衰竭综合征和母猪繁殖障碍为特征。

【流行特点】 本病主要传染断奶后仔猪，哺乳仔猪不易感染（因母源抗体作用），传染源为病猪的排泄物（粪便）和分泌物（鼻液），传染途径为消化道，也可能通过胎盘垂直感染给胎儿，新生仔猪先天性震颤病就证明了这一点。由于该病能在猪群中长期存在，而且还能和猪细小病毒及蓝耳病毒混合感染，所以根除本病相当困难。猪圆环病毒感染率不高，为18%，而死亡率却高达50%。成年猪不易感染，即使感染也呈隐性，但是本病易和猪瘟、副伤寒混合感染，症状就更严重，易感面就扩大到成年猪。

【诊断要点】

1. 垂直感染（子宫内感染）。

（1）新生仔猪先天性震颤占每窝仔猪的25%，出生后7日龄出现症状，震颤程度有轻有重，严重震颤的病例因无法吮乳而死亡。

（2）震颤的另一特征是，当卧下睡眠时震颤即停止，若受到强光、声音刺激后震颤加重。这种震颤呈双侧性，轻症的仔猪约2周后逐渐停止震颤。

2. 水平感染（猪断奶后多系统衰弱综合征）。

（1）多发生于8~12周龄的仔猪，病初体温升高至40~41℃，厌食，消瘦，贫血，咳嗽，腹泻。

（2）皮肤表面出现大小不一的紫色丘状斑块。

（3）四肢和眼睑周围水肿，股前淋巴结肿大。粪便呈黑糊状。

（4）剖检见胃肠充血发炎，皮肤苍白，淋巴结肿大，脾脏有出血点，肝脏表面有灰白色坏死点。

【预防】

1. 选用猪圆环病毒2型灭活苗接种（洛阳普莱柯生物工程股份有限公司生产）。

2. 对新引进的猪严格隔离观察消毒，圈舍彻底消毒，切断传染途径，及时除掉传染源。圈舍消毒后空 1 周方可让断奶后仔猪进入。

加强饲养管理，环境定期消毒，保持圈舍温度、湿度、通风良好，并且消灭蚊蝇及鼠害，对所有病猪、死猪一律按"四不准"原则进行处理，即不准宰杀、不准食用、不准出售、不准运输，及时对病死猪进行无害化处理。

【治疗】

1. 鱼肝油 5～10 毫升肌内注射。

2. 哺乳仔猪用 1％ 土霉素蜂蜜溶液涂抹母猪乳头，以让仔猪吮乳时吃进药液，每天至少涂抹三次。

3. 土单方：①芫荽（香菜）500 克煎汁 1000 毫升，让猪自饮。②板蓝根、黄芪、淫羊藿各 20 克，煎汁自饮。

提示　根据断奶后仔猪出现不明原因的群发性食欲欠佳，消瘦，生长停滞，体表淋巴结肿大，背部皮肤出现圆形紫红色隆起，中间为黑色痂皮，即可确诊。

蓝　耳　病

本病又叫猪繁殖与呼吸障碍综合征，病毒为单股正链 RNA 病毒，属免疫抑制性动脉炎病毒。主要危害仔猪和孕后母猪，以高热，瞌睡，耳鼻、阴门、乳房皮肤呈蓝紫色为特征。

【流行特点】　本病是一种高度接触性传染病，一年四季都可发生，但以高温季节多发。传染方式是通过空气接触，也可通过精液而感染，断奶后仔猪最易感染，发病率 100％，死亡率可达 50％。孕母猪感染后发生繁殖障碍，青年育肥猪症状较轻。本病易和猪圆环病毒混合，多病原混合感染症状会加重。

【诊断要点】

1. 仔猪发病后，体温升高至 41℃ 以上，精神沉郁，咳嗽，呼吸迫促，眼结膜充血水肿，全身皮肤发红，腹泻，流脓性鼻涕，严重时耳、腹下部、阴门呈紫蓝色。

2. 妊娠母猪表现发热，厌食，呼吸困难，皮肤呈紫蓝色，腹泻，后躯无力，流产死胎，流产率达 30%。

3. 成年猪、育成猪表现厌食，咳嗽，腹式呼吸，腹泻与便秘交替出现。

4. 剖检见肺水肿，淋巴结肿大，皮下出血，肾脏呈土黄色，有条纹状出血。心脏和膀胱有出血点。

【预防】

1. 对非疫区可采取以下预防措施。

（1）防止引种引入病原。

（2）每年 4~5 月给 5 月龄以上种猪接种乙型脑炎弱毒疫苗。

（3）母猪配种前 3 周注射高致病性蓝耳病灭活菌，产前 50 天再补注一次。

2. 对本病阳性地区（疫区）可采取以下措施。

（1）可对后备母猪、育肥猪接种蓝耳病弱毒菌。该病病毒抗原具多样性，应注意免疫效果。

（2）对哺乳仔猪可用地骨皮、蒲公英、黄芪、贯众、芦根各 20 克，煎药汁兑水中让同窝仔猪自由饮用。

【治疗】

1. 发病早期用黄芪多糖注射液 0.12 毫升/千克体重一次肌内注射，1 天 1 次，连用 2~3 天。

2. 发病中期用石膏 120 克、地黄 30 克、水牛角 60 克、黄连 20 克、栀子 30 克、丹皮 20 克、黄芩 20 克、赤芍 20 克、玄参 20 克、连翘 30 克、桔梗 20 克、甘草 15 克、鲜竹叶 100 克煎水，仔猪 10 头 1 天饮用，连服 3 天。

3. 对成年母猪和育肥猪一经确诊，按蓝耳病防治技术规定处置。

提示

1. 新生仔猪弱仔、死胎颌下、颈下、眼睑水肿，并且在猪场一定时间内有 50% 母猪发生流产，有分娩死胎占 30%，有新生仔猪 30% 的死亡率，就应视为可疑"蓝耳病"存在。

2. 疑似蓝耳病的病猪忌用退热药，尤其不能用安乃近、氨基比林、地塞米松类药物。

3. 圆环病毒和蓝耳病病毒这两个病毒是免疫抑制性疾病，最易和其他疾病发生混合感染。

猪流行性感冒

猪流行性感冒是由 A 型流感病毒引起猪的一种急性传染病，属二类传染病。其发病特征为发病突然，传染迅速，高热，咳嗽，流涕，呼吸加快，多呈良性经过。

【流行特点】　该病的发生有明显季节性，多在寒冷、春秋气温多变季节流行。不分年龄均易感染，发病率几乎达 100%，而死亡率则小于 10%，若无继发病发生，1 周即可康复。但是在本病发生过程中，若饲养管理不良，乱用药物治疗，往往发生继发感染，而使病情复杂化，随之死亡率增加。本病的另一特点是发病率高、病程短，死亡率低。本病还能和副猪嗜血杆菌混合感染。

【诊断要点】

1. 本病潜伏期很短，为 1~7 天，甚至数小时即可出现症状，突然发病，病情来势猛，很快蔓延至全群。

2. 体温升高至 41℃ 左右，精神沉郁，厌食，甚至绝食。局部肌肉发抖，呆立不动，口、鼻、眼流黏液。

3. 咳嗽，流清涕，腹式呼吸，鼻端干燥。

4. 剖检病死猪，皮肤、肌肉无大变化，唯有气管黏膜充血，肺肿大，表面有红色紫斑，肝、肾稍肿大。

【预防】

1. 一旦发生该病，立即上报疫情，同时对可疑病猪群进行隔离，封锁疫点，防止疫情扩散。本病为人畜共患病，应警惕。

2. 对受威胁猪群用贯众、板蓝根、荆芥熬水让猪自饮。

3. 支原净纯品 10 克拌料 200 千克，连喂 3~5 天。

【治疗】

1. 地塞米松 4~12 毫克，柴胡注射液 2~5 毫升一次肌内注射。

2. 鸡蛋清 1~5 毫升溶于青霉素 120 万单位，一次肌内注射，隔日一次。

3. 断奶前后仔猪可用安乃近注射液滴鼻，一次 1~2 滴。

4. 土单方：贯众 6 克，竹叶、芦根（鲜）各 100 克熬水让猪自饮。

5. 外灸：圆利针，苏气、天门、大椎穴。

猪　　瘟

猪瘟是危害养猪业的一种毁灭性传染病，不分年龄和品种都会感染，且传播迅速，来势凶猛，发病率和死亡率极高。猪瘟病毒属黄病毒科瘟病毒属，不怕低温，但对碱性敏感，易灭活。脾含毒最多，可通过胎盘传给胎儿。以高热稽留和小血管变性，广泛出血，淋巴结大理石样变，肠道溃疡呈扣状肿为特征。

【流行特点】

每年冬春大流行，夏秋呈散在性发生，新疫区呈急性暴发，发病率和死亡率很高，传播迅速，病程短，死亡快。而老疫区呈散发性且病程长，传播慢，猪群有一定免疫力，叫温和性慢性猪瘟。哺乳仔猪从母猪的初乳中获得抗体，具有免疫力。孕母猪接种猪瘟兔化弱毒苗时剂量过大，易引起胎儿感染，出现流产、死胎、弱仔。另外，本病易和蓝耳病及圆环病毒病混合感染，使病情更复杂。

【诊断要点】

1. 最急性：突然发病，体温升至 42℃，可视黏膜及腹部皮肤有针尖状大小出血点，1~4 天突然死亡。

2. 急性型：起病急，持续高热（41℃左右），化脓性结膜炎，腹下部、会阴皮薄毛少处有火香烙样红色出血点，大便干、附有黏液，公猪包皮积尿，幼龄猪出现神经紊乱。

3. 亚急性型：轻度发热，体温 40℃左右，叫声嘶哑，厌食，眼结膜充血，流泪，腹下充血发红、偶有出血点。症状时轻时重，反复发作，多见于耐过之前期和老疫区。

4. 缓慢型：零星发生，症状轻微，采食时好时坏，眼睛红肿，精神沉郁，便秘与腹泻交替出现，日渐消瘦，步态蹒跚，后肢软弱，预后不良。

5. 孕母猪流产型：虽然母猪产前无猪瘟症状，但分娩时出现早产和死胎，甚至难产，胎儿皮肤有出血点，胎儿发育不整齐，大小悬殊，仔猪出生后很快死亡。

【预防】

1. 超前免疫。仔猪出生后立即接种猪瘟疫苗，停 1.5 小时后再让其吃初乳。仔猪 20 日龄时接种猪瘟兔化弱毒苗。

2. 母猪、种公猪必须在配种前半个月接种猪瘟疫苗。

【治疗】

1. 病初首先注射猪瘟高免血清，按 1 毫升/千克体重一次肌内注射。

2. 3%石炭酸 3~5 毫升一次肌内注射，隔日一次，连用 2 次。

3. 土单方：灯笼草（天泡草）250~500 克煎水让猪自饮，每天一次，连服 5 天。

附　　　　　　自制猪瘟高免血清方法

选择健康青年猪（60 千克以上），用大剂量猪瘟兔化弱毒疫苗200 头份接种，2 周后采该猪的动脉血盛于无菌玻璃瓶中置阴暗处，待血清析出后抽取血清，并按每百毫升加入 5% 石炭酸 1.1 毫升，充分混合后，分装于无菌瓶中保存在 4℃ 的冰箱中，可供用一年。

引起猪瘟免疫失败的原因：

①猪瘟疫苗属弱毒活苗，对多种抗生素药和抗病毒药物有敏感性，能使疫苗效价降低，甚至不能产生抗体，在接种猪瘟疫苗的前后 10 天内禁止用上述药品。

②疫苗选购要严格遵守运输、保温、保存的有关规定，并做好疫苗登记，如生产日期、产品批号和应用时注意事项。严格遵守防疫注射操作规程，确保防疫注射质量。

③近期猪群发生过传染病的，尤其能引起免疫抑制的疾病，如猪蓝耳病、圆环病毒病时不宜进行猪瘟兔化弱毒苗接种。

多种病原体混合感染病鉴别

病原体	流行特点	症状	剖检	防治原则
蓝耳病毒、圆环病毒 2 混合感染	无季节性，断奶后仔猪群发	食欲突然下降，怀孕母猪流产，高热至41℃，厌食，呼吸迫促，皮肤苍白，腹泻倦怠，可视黏膜黄染	肺气肿，肝表面有出血点，淋巴结肿大	黄芪多糖疗法
蓝耳病毒、猪瘟病毒、圆环病毒混合感染	不分年龄，秋末流行，青年猪多发，哺乳猪少见	高热稽留42℃，减食，被毛粗乱，全身皮肤发红，充血，有出血点，呼吸困难	淋巴结肿大萎变，脾肿大，肺尖叶变肉样，心内外膜有出血点	柴胡针、左旋咪唑针一次肌内注射，中药败毒散
多种病毒、附红细胞体、链球菌混合感染（无名高热）	夏秋季流行，不分年龄均可感染	孕母猪流产，关节炎，跛行，体温高至42℃以上，全身皮肤苍白，眼尿多，大便干	脾脏暗红有出血点，肝肿大，淋巴结实变萎缩	泰妙菌素混饲，100 克拌料 200 千克
猪瘟、圆环病毒 2、副伤寒（沙门杆菌）混合感染	秋冬多发，40~60 日龄的仔猪呈群发性	病初发热 40~41℃，拉黄绿色带血丝稀便，皮肤发红，后期发红，消瘦快	胃肠充血有伪膜，淋巴结肿大，腹下皮肤紫红	恩诺沙星混饲
猪流感与副猪嗜血杆菌混合感染	早春流行，上过市场交易的断奶仔猪呈群发性	低热，发喘，全身抽扑，跛行，关节炎，有眼泪鼻涕，死亡率60%	内脏诸浆膜发炎，胸腹腔积液	鸡蛋清溶青霉素混饲，氟苯尼考混饲
伪狂犬病毒与猪圆环病毒 1 混合感染	全年散发，多见怀孕母猪和仔猪感染	倦怠，消瘦，贫血，厌食，流鼻涕，后躯无力，视力减退，孕母猪流产死胎，木乃伊胎	诸内脏萎缩，有出血点，肾色浓，表面凹凸不平，有出血点	3%石炭酸疗法

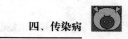

续表

病原体	流行特点	症状	剖检	防治原则
弓形虫与猪肺疫混合感染	夏秋多见,强烈应激反应常诱发本病	高热至42℃以上,拒食,眼睛发炎,尿少而黄,大便干,耳尖发绀,咳嗽	皮肤有出血点,肺充血,胸膜炎,心膜有出血点	青霉素1万~1.5万单位/千克体重,链霉素10~20毫克/千克体重肌内注射,磺胺同甲氧嘧啶注射液按0.1毫升/千克体重一次肌内注射
伪狂犬病毒与链球菌混合感染	没有季节性,但以秋冬多发.仔猪发病率最高	精神沉郁,呼吸困难,呕吐,腹泻,低热,关节肿大,神经紊乱,转圈运动	淋巴结肿大,心内外膜有出血点,脾肿大,肾肿	磺胺同甲氧嘧啶注射液按0.1毫升/千克体重一次肌内注射
猪瘟与附红细胞体混合感染	夏秋多发,青年猪多发	食欲大减,眼结膜充血发炎,耳,阴门发绀,腹后腹泻,全身发红,先便秘后腹泻,呈腹式呼吸	淋巴结肿大,切面大理石样变,腹下皮肤有出血点	紧急接种猪瘟疫苗10头份/头量

猪伪狂犬病

本病病原为伪狂犬病病毒，属于疱疹病毒科，在被感染动物脑组织中含毒最高，是家畜和野生动物的一种散发性传染病。牛、羊感染后表现主要是脑炎和局部奇痒，孕母猪表现流产，仔猪表现脑炎和肠炎，但无明显局部瘙痒现象。

【流行特点】　易感动物很多，主要是牛、羊、猪、兔和鼠，传染源主要是病鼠类排泄物，传播途径是消化道，患本病猪的鼻涕、唾液、乳汁、阴道分泌物中含毒。该病毒对低温和干燥有抵抗力，所以在秋末寒冷季节发生较多。笔者曾经历一家深山独居户的牛发生该病，了解病史时，发现他家近月来先后发生鼠、猪、羊类似病，呈群发群死无一幸免。本病还能和圆环病毒、链球菌同时混合感染。参看多种病原混合感染鉴别表。

【诊断要点】

1. 本病一年四季都有发生，但以冬春两季和产仔旺季发生最多，因猪年龄不同其表现症状差异很大。

2. 成年猪感染后，多无症状表现，呈隐性感染，但其排泄物尤其鼻腔分泌物危害最大。

3. 哺乳仔猪呈群发性，突然发病，病情极为严重，体温升高至41℃以上，精神高度沉郁，全身发抖，流口水，水样腹泻，有神经症状，如转圈运动，头向后仰，病程2~3天，死亡率几乎达100%。

4. 断奶后仔猪发病率30%左右，主要表现是呼吸道变化，如咳嗽，呼吸迫促，流清涕，神经紊乱，呕吐，腹泻，少数猪见有擦痒表现，病程1周左右，多数康复，死亡率占发病数的30%左右。

5. 妊娠母猪感染后，多数发生流产，主要产死胎、弱仔（3~4天即死亡），并且出现多发情而屡配不孕现象。

6. 剖检见所有实质器官表面有周围红色圈中央黄色的坏死点，这一特征具有诊断意义。

【预防措施】

1. 猪场周围防止其他野生动物入内，特别要做好灭鼠工作。

2. 本病疫区，可对生产母猪在每次配种前接种双基因缺失活疫苗。

3. 对非疫区，可对断奶后仔猪接种伪狂犬灭活苗。

【治疗】

1. 3%石炭酸注射液每头仔猪注射 1~2 毫升，每天 1 次，连注 2 次。

2. 抽取健康马血 25 毫升，加 10%枸橼酸钠注射液 25 毫升，每头仔猪肌内注射 5~10 毫升，1 天 2 次。

提示 确诊该病的简便方法是：抽取病死猪的脑脊液，接种在家兔后肢皮下，24 小时后若该家兔的接种处出现奇痒症状，并且很快死亡即为阳性。

猪传染性胃肠炎

本病是由传染性胃肠炎病毒引起的急性接触性传染病，病原属冠状病毒科，只有一个血清型，冠状病毒和人的非典型肺炎（SARS）有血清交叉反应，以呕吐、严重腹泻、脱水、哺乳仔猪感染和死亡均极高为特征。

【流行特点】 本病流行有明显规律性，每年入冬首先发生一次大流行，成年猪呈良性经过，不治而 3~5 天自愈，而哺乳仔猪和断奶仔猪发病率 100%，死亡率达 90%以上。夏季很少发病。

【诊断要点】

1. 本病来势凶猛，呈暴发性流行，除猪外其他动物不感染本病。多以大流行方式迅速传播扩散。

2. 哺乳仔猪突然出现群发性严重黄色水样腹泻、呕吐，很快脱水，粪便中混有尚未消化的凝乳块，气味腥臭。病程和严重程度与猪的年龄有关，年龄越小病程越短，症状越重，感染与死亡率越高（100%）；月龄越大则与之相反。

3. 青年猪出现一过性腹泻，3~4 天即可康复，甚至不影响食欲。

4. 带仔母猪腹泻时间较长，且有泌乳停止现象。

5. 剖检见仔猪明显脱水，尸体消瘦，胃黏膜充血，肠黏膜脱落，肠壁变薄，肠系膜淋巴结充血水肿。

【预防措施】

1. 对怀孕母猪用传染性胃肠炎和流行性腹泻二联苗接种。

2. 在本病正发生地区，取被感染病猪（仔猪）的腹泻物（粪便）拌在孕猪饲料中喂，使其感染产生免疫抗体。

【治疗】

1. 用鸡新城疫Ⅰ系苗 500 羽份加生理盐水 100 毫升，溶解后每头仔猪皮下注射 3~5 毫升。

2. 趁病猪口渴时喂给口服补液盐让其自饮。口服补液盐配方：葡萄糖 20 克、小苏打 2.5 克、氯化钾 1.5 克、氯化钠 3.5 克、常水 1000 毫升。

3. 中药：白芍 30 克，官桂、赤石脂、米壳各 10 克煎汁，一次服。

土单方：马齿苋 100 克（鲜）、甘草 10 克、红糖 20 克煎汁，一次服。

针灸：圆利针，大椎、断血、后海穴。

口　蹄　疫

本病又叫猪传染性口疮，是由口蹄疫病毒引起的急性、热性、暴发性传染病。感染率 100%，成年猪死亡率低。该病毒血清型多，在病猪的水疱的疱液中含毒最多。对高温敏感，会很快失去活性，但对低温干燥环境有抵抗力，以口腔、舌、齿龈、鼻盘、蹄冠出水疱溃疡为特征。

【流行特点】 无季节性，但寒冷季节易大流行，猪不分年龄都易感染。病势凶猛，发病率极高，哺乳仔猪死亡率高。传染源为病猪的排泄物、唾液、粪便，传染途径是消化道。

【诊断要点】

1. 病初体温升高至 40～41℃，蹄冠、蹄间、蹄踵出现水疱，跛行，口腔、舌面出现水疱，大量流涎，采食困难。

2. 哺乳仔猪症状严重，常引起咽喉炎、口腔溃烂，吮乳困难，很快死亡。

3. 病程 5～7 天，成年猪多呈良性经过，但是如圈舍地面潮湿，有污水粪尿，常可引起蹄部感染而引起蹄甲壳脱落，病程可拖一个月以上。

4. 剖检见咽、口腔有溃疡斑，心肌切面有灰白色条纹，仔猪可见胃肠充血、发炎，心肌充血。

【预防措施】

1. 若发现可疑病例时，应立即上报有关部门并进行隔离消毒，防止疫情扩散。

2. 对易感动物如猪、牛、羊应用口蹄疫灭活苗接种。牛、羊若用弱毒苗，应进行血清学鉴定，选用对口弱毒疫苗。

提示 ①为了进一步确诊，可无菌抽取水疱内疱液接种 2 日龄乳鼠和 10 日龄乳鼠及乳兔，均出现病态死亡即为阳性。

②人类感染口蹄疫时，表现为发热呕吐，舌、唇、头部黏膜出现水疱，手指也会出水疱。儿童被感染后表现胃肠炎，严重时还会出现喉炎和心肌麻痹。

水疱性口炎

本病是由水疱性口炎病毒引起的猪的急热性传染病，各种年龄猪均可感染，发病率 30%，死亡率低，以病猪发生水疱，流泡沫样口水，蹄冠和趾间也会出水疱为特征。

【流行特点】　本病传染源是猪，传染途径是经皮肤损伤和消化道感染，双翅目昆虫（蜻蜓、蚊虫）也是传播媒介。有明显季节性，多发生在夏秋之间，尤其高温高湿的河流沼泽地区更易大流行。本病易感动物很多，如牛、羊、猪、兔均易感染，人和马属动物也可感染。

【诊断要点】

1. 呈流行性发生，病初体温升高至 40～41℃，一天后，唇、舌、鼻盘出现水疱，蹄冠水疱破裂后成溃疡斑，体温恢复正常。

2. 个别病例由于蹄冠溃疡被粪水污染后二次感染，可导致体温再次升高，甚至出现蹄壳脱落，病程延长。

3. 本病呈良性经过，病后仍能保持采食不减退，康复快，病程短。

【预防措施】

1. 在疫区，饲料尤其是饭店的泔水最好煮沸后再用来喂猪。

2. 在易发病地区，可提前接种紫外线灭活疫苗。

3. 在易发病季节，应及时消灭体外寄生虫和环境中的吸血昆虫。

【治疗】　口腔可用碘甘油涂擦和撒布冰硼散，蹄部应防止被粪尿污水污染，保持圈舍地面干燥并且及时对溃疡面涂抹紫药水，防止疮面感染化脓引起蹄壳脱落。

土单方：①干萝卜秧 300 克加水 3000 毫升煮水，让猪自饮。

②中草药：金银花 15 克，蒲公英 20 克，栀子角 15 克，黄连 10 克，川芎 15 克，甘草 10 克，加水煎服或共研为末加麸皮喂饲。

③冰片、硼砂、人中白、儿茶、明矾各等份研成细粉，每次 1 克，撒在烂斑面上。

猪皮肤水疱类症鉴别

病名	病原	特殊症状	一般症状	流行病学			动物接种				
				传染途径	传播媒介	流行方式	牛	马	豚鼠	幼小白鼠	乳白鼠
口蹄疫	口蹄疫病毒	在口、鼻、乳房、蹄部出现水疱后溃疡	体温升高至40~41℃，大量流涎，跛行，采食困难，剖检见虎斑心	消化道、皮肤损伤	接触感染	大流行，偶蹄兽	+	-	+	+	+
猪水疱病	猪水疱病病毒	哺乳猪死亡率高，孕猪流产，蹄部肿胀，行走困难	体温升高至40~41℃，口腔、蹄部、鼻镜上出水疱	消化道	接触感染，粪尿污染	地方性流行	+	-	-	+	+
猪水疱性疹	猪水疱性病毒	溃疡面灰白色，关节肿胀，传染性强，采食生拌水（未煮沸）	体温升高至40~41℃，精神委顿，厌食，流涎，鼻镜、口腔、蹄、乳出现水疱，跛行	消化道	食堂泔水	散发	+	+	-	-	-
水疱性口炎	水疱性口炎病毒	蹄壳易脱落，蹄部溃疡严重	体温升高，唇、舌、鼻、蹄部出水疱	病猪	吸血昆虫	夏季流行	+	+	+	+	+
猪痘	猪痘病毒和痘苗病毒	皮薄毛少处，如眼、口、唇，四肢内侧出痘疹，结痂愈	发热，下腹部四肢内侧出现散在性出血点后化脓	病猪接触性、病毒污染物	吸血昆虫	春季流行	未做试验				
坏死杆菌病	坏死杆菌	耳尖、尾尖、膝盖处、背部皮肤出现干性坏死，坏死灶，俗称"猪眼子病"	全身出现散在性火山口状圆形凹陷坏死，呈黑色痂皮	皮肤外伤	接触	夏季	+	-	-	+	+
葡萄球菌病	白色表皮葡萄球菌	疖节肿破溃后，排出乳色脓液，结痂后流黄色毒水后呈黑色痂皮	感染出现红肿热痛结节，后化脓排出血色脓	皮肤外伤	吸血昆虫	夏季多见	+	-	+	+	+

猪水疱性疹

本病是由猪水疱性疹病毒引起的一种中度接触性传染病。以猪的皮肤无毛部位，如唇、鼻盘、乳头、蹄趾间发生水疱为特征。病原属疱疹病毒，为 RNA 病毒科嵌杯病毒属，有 15 个血清型，其发病症状基本相同，但不能交叉免疫，不抗高温，该类病毒对温度极度敏感，50℃即能很快死亡。

【流行特点】　本病只感染各种年龄的猪，除马外，其他家畜均不感染。传染源为病猪的内脏和排泄物，传染途径主要是消化道，尤其通过被病毒污染的食堂泔水而传播。发病率达 100%，一年四季均有发生。病的传播十分迅速，1~2 天可波及全群。

【诊断要点】

1. 病初体温升高至 40~41℃，精神沉郁，厌食流涎，持续 2~3 天后，鼻、唇、乳头、足部出现水疱，水疱呈灰白色，直径 3~30 毫米。走动困难，严重跛行，以膝跪地行走，严重者卧地不起，但几天后恢复，极少死亡。

2. 哺乳仔猪症状严重，死亡率达 50%。

3. 孕母猪易发生流产，哺乳母猪泌乳量大减。

4. 猪水疱性疹病毒不感染牛、羊、豚鼠及乳鼠。

【预防措施】

1. 受威胁区立即接种灭活疫苗。

2. 主要是严格隔离消毒，用 2%氢氧化钠消毒圈舍，食堂泔水煮沸消毒后方可喂猪。

【治疗】

1. 冰硼散撒布口腔，紫药水涂患处。

2. 中草药治疗有效，藿香叶 50 克、石菖蒲 25 克、板蓝根 100 克，水煎服。

猪水疱病

猪水疱病是由猪水疱病病毒引起的传染病。症状极似口蹄疫，即蹄、口、鼻端和母猪的乳头部出水疱。传染源主要是病猪和带毒猪，传染途径是通过病猪粪尿，经消化道和皮肤伤口，也可通过呼吸道及眼结膜而感染。

【流行特点】 本病流行不受季节影响，各种年龄的猪均易感染，发病率可达 80%，其他动物不感染，人有一定的易感性，特别是儿童。该病一般呈良性经过，康复快。规模化猪场发病率和症状严重，而分散个体零星养猪户中很少引起流行。

【诊断要点】

1. 病初突然体温升高至 42℃，很快在蹄冠、蹄趾、蹄踵出现一个或几个黄豆至蚕豆大的水疱，当水疱破裂露出红色的溃疡面，会严重跛行，若蹄部被粪、尿、污水浸泡发生感染，常会引起化脓而致蹄壳脱落。

2. 有的猪鼻端、口腔黏膜以及哺乳母猪乳头周围也会出现水疱。

3. 哺乳仔猪除上述症状外，还会出现脑炎症状，可引起呼吸困难、肺水肿而很快死亡。

4. 无菌抽取水疱液，用缓冲液调至 pH3~5，接种 1~2 日龄的小白鼠，会引起乳鼠很快死亡，即为阳性。

5. 剖检见心内膜有时出现条状出血。

【预防措施】 对疫区和受威胁区用猪水疱病弱毒疫苗接种，有良好预防效果。

【治疗】 溃疡处涂碘甘油，保持圈舍干燥，及时清除粪尿，防止蹄部被污物污染化脓。

土单方：紫草根 30 克、甘草 10 克，煎汁 500 毫升，1 天饮完，连续饮 3 天。

猪　　痘

猪痘是由猪痘病毒和痘苗病毒引起的一种急性接触性传染病。以皮肤的某些部位和黏膜上出现有规律的红斑→丘疹→水疱→脓疱→结痂病理变化为特征。猪虱是主要传播媒介。

【流行特点】　猪痘可由两种形态极为相似的病毒引起，即猪痘病毒和痘苗病毒，这两个病毒对温度敏感，0℃以下可存活月余。传染源是痘的浆液和痂皮，通过接触，经呼吸道消化道感染，也可经猪虱和吸血昆虫传播。全年都可发生，但以寒冷季节多流行。

【诊断要点】

1. 各种哺乳动物都易感，多发生于幼龄猪，如断奶前后最易发生，成年猪和老母猪较少见到。

2. 病初体温升高至41℃，厌食，皮肤发红，腹下部和四肢内侧出现圆形红点，后变成小结节，随后又变成白色水疱，周围充血发红、肿胀，接着疱内化脓、凹陷，最后干枯结痂，痂皮脱落后遗留红色斑痕。

3. 有约30%的猪眼皮上、齿龈、胃肠黏膜也会出痘疹，表现眼结膜炎、口腔炎及胃肠炎。

【预防措施】　用鸽痘痂皮制成疫苗，用划痕法接种仔猪。

【治疗】

1. 碘仿软膏涂患处（眼部的痘疹可用1%的碘苷点眼，1天2次）。

2. 藿香正气水灌服，每头仔猪每次3毫升

3. 土单方：①贯众、芦根适量熬水让猪自饮，连饮3天。②芫荽300克煎汁让猪自饮。

孕母猪肠道病毒病

猪肠道病毒广泛存在于养猪的地方。表面无任何症状的猪，其肠道内就有肠道病毒存在。当前已知，猪水疱病、猪脑脊髓炎、猪脑心肌炎的病原都与肠道病毒有关。而母猪肠病毒感染并无可见临床症状，只是孕母猪无原因地出现流产、死胎、木乃伊胎。

【流行特点】 传染源是哺乳前后仔猪的粪便，传染途径主要是通过粪便或粪便污染物经消化道感染，断奶仔猪分群混合饲养时，会增加传播感染的机会。母猪感染后可通过子宫感染胎儿。新生仔猪不易感染的原因是可从乳汁中获得被动免疫，断奶后这种被动免疫就不存在了，所以断奶后仔猪会感染。前期症状主要是腹泻。

【诊断要点】

1. 本病发生最多见于后备母猪和初次怀孕的新孕母猪，经产母猪少有发生。

2. 孕母猪感染的孕期天数不同，其后果不同。如孕前期感染时（30 日胎龄），产出胎儿死亡占 5%，导致产仔数少。孕后期感染时（75 日胎龄），胎儿死亡占 20%，但有腐败胎和木乃伊胎，而且存活胎儿表现弱仔，甚至几天内死去。

【预防措施】 由于猪肠道病毒血清型多，所以疫苗预防相当困难，比较有效的方法是，对后备母猪在配种前一个月，用断奶腹泻猪粪便接种，经消化道感染，使之产生较强免疫能力。成年猪感染肠道病毒后呈隐性、良性经过，但可产生终生免疫能力。

细小病毒病

本病是由猪细小病毒引起的母猪繁殖障碍病，主要表现为胚胎死亡，最后流产，而孕母猪本身无明显可见症状。病毒粒子很小，还能凝集豚鼠和鸡的红细胞。

【流行特点】　本病呈区域性散发，成年猪感染率50%左右，呈隐性，无可见症状，但是传染源（含毒粪便）经消化道感染，初次怀孕的母猪最易感染，症状会很快显现出来。

【诊断要点】

1. 后备母猪感染后，表现发情不规律，30天一次，即使发情也不接近种公猪，不让爬跨，而且这时阴道会流血，即使交配也不会怀孕。

2. 已经怀孕的母猪感染后，孕初期表现为终止妊娠，胚胎死亡后被子宫吸收或分解，孕后期感染表现流产、死胎、弱仔、木乃伊胎，并伴有泌乳停止，胎衣停滞。

3. 个别后备母猪感染后，表现厌食，阴道流出炎性黄色分泌物。

【预防措施】

1. 对非疫区（从未发生本病的地区）可在配种前接种细小病毒灭活菌。

2. 对疫区，无论初产或经产母猪，一律接种细小病毒肠毒弱毒活苗。

3. 也可将后备母猪、经产母猪与断奶腹泻仔猪混圈同槽喂养几天，从而引起自然感染产生自动免疫。

案例　有一农村养猪户，从县养猪场购回后备母猪（二元长白），趁发情时注射促排3号药后配种，第二天又重配一次，待分娩时，分娩8头仔猪，其中有4头是木乃伊胎。

仔猪先天性震颤病

本病是初生仔猪震颤性疾病，病因认为是先天性震颤病毒，因种公猪带毒，使仔猪表现震颤，以局部肌肉发抖为特征。

【流行特点】　本病呈区域性散发，母猪孕前与孕后无可见症状，农村散养猪户多见，规模化养猪少见。病程随着日龄增大震颤逐渐减轻，多数 10 日龄后康复，少数震颤严重无法吮乳的很快死亡。

【诊断要点】

1. 同窝仔猪出生后，出现症状的头数不等，有多也有少，其他仔猪无可见症状。有出生后就表现局部肌肉震颤，也有 2~3 日龄后出现震颤。

2. 震颤特征呈单侧性、局部性，很少见到全身性或对称性。据此可区别于圆环病毒病。

3. 安静时、卧下睡眠时震颤停止，站立走动时、哺乳时震颤严重，甚至出现衔乳头困难。

【预防措施】 下次配种时应更换种公猪。

【治疗】

1. 氯苯那敏 4 毫克混入蜂蜜 100 克中，趁仔猪吮乳时涂在乳头上让其自吮，1 天 2 次。

2. 中草药酸枣仁 10 克、明天麻 30 克，煎汁 200 毫升，兑入蜂蜜 100 克、六神丸 20 粒涂抹乳头，1 天 3 次。

3. 肌内注射鱼肝油 1~3 毫升有良效。

轮状病毒病

轮状病毒是引起多种幼龄家畜腹泻的肠道病毒，因病毒粒子没有囊膜，外观似车轮状而得名。血清型很多，其中 A、B、C、E 型血清型对猪危害严重。以哺乳仔猪出现群发性腹泻为特征。

【流行特点】 本病发生有明显季节性，多在寒冷季节流行，从 1 周龄后开始，到断奶前后均易感染，感染率达 100%。各种年龄的猪均易感染，大龄猪多呈隐性，唯有断奶前仔猪症状明显，死亡率 10% 左右，初产母猪所产仔猪发病率和死亡率最高。传染源是病猪的粪便，经口腔食入而感染。

【诊断要点】

1. 哺乳仔猪病初表现吮乳迟缓、不活泼，腹泻开始时呈棕色水样，随后变为黄色凝乳样物，3~4 天后逐渐康复。

2. 初产母猪所产仔猪症状严重，在腹泻的同时出现呕吐。

3. 断奶后仔猪感染率高达 100%，但多呈隐性感染，仅有少数仔猪出现轻度一过性黏液性腹泻，不影响食欲，很快康复。

4. 剖检见胃内积存大量凝乳，小肠内有多量液体，肠黏膜易脱落，肠壁变薄。

【预防措施】　可在产前 15 天和产后 7 天对母猪接种轮状病毒弱毒疫苗。

【治疗】　可采用病毒干扰疗法，即用鸡新城疫 I 系苗 500 羽量，生理盐水 50 毫升，每只仔猪后海穴皮下注射 3 毫升即可。

非洲猪瘟

本病是由非洲猪瘟病毒引起的急性、致死性传染病，病原是一种大型脱氧核糖核酸（DNA）病毒，对热、腐败和干燥抵抗力强。传染性强，发病率高，以全身各脏器充血、出血、发炎和水肿为特征。

【流行特点】　病猪的排泄物是传染源，主要通过直接接触和被病源污染的饲料、饮水用具而传染，吸血昆虫也是传染媒介，本病在新疫区流行时传染快、症状严重，发病率和死亡率高达 100%，耐过猪可长期带毒，成为传染源。

【诊断要点】

1. 病初体温突然升高至 40~41℃，但还能保持饮食正常，连续发热 3~4 天后，出现厌食，后肢无力，咳嗽，眼、鼻有分泌物，流鼻血等症状。

2. 腹泻，粪便带血，临死前体温下降，但仍有食欲。

3. 体表淋巴结肿大。

4. 剖检见肢体末端呈青紫色，全身淋巴结出血，诸内脏有出血点，脾脏肿大。

【预防措施】 严格做好进口猪检疫，防止引进病源。对可疑病例，应立即上报有关部门，并严格隔离消毒，对病猪扑杀，焚烧，无害化处理。

血凝性脑脊髓炎

本病又叫猪副流感病毒病，能使多种动物致病，包括鸟类、家禽以及哺乳类动物和人，该病毒能使这些动物的红细胞凝集。以病猪回旋运动，强直性痉挛和腹泻，双目失明，呕吐，消瘦为本病特征。

【流行特点】 多见于繁殖母猪场，呈地方性、区域性流行，从新生仔猪到断奶前后，均有发生，呈全窝性感染，发病率90%，死亡率100%，成年猪和母猪很少见到发病。

【诊断要点】

1. 哺乳仔猪病初表现吮乳不积极，精神呆痴，呕吐，便秘，排鼠粪样两头尖黑干粪球，全身皮肤发绀，打喷嚏，流鼻涕，很快死亡。

2. 断奶后仔猪表现食欲废绝，呼吸加快，转圈运动，叫声嘶哑，磨牙，共济失调，全身强直性痉挛，腹泻呕吐，很快脱水死亡，死亡率达80%以上。

【防治】 目前尚无防治办法，若发现可疑病例应立即淘汰，焚烧深埋，消毒圈舍。

猪乙型脑炎

本病又叫流行性乙型脑炎，是由流行性乙型脑炎病毒引起的人畜共患病。乙型脑炎病毒属于虫媒病毒，球形，能凝集绵羊的红细胞。以视力障碍，神经紊乱，舌麻痹为特征。怀孕母猪可表现为高热、流产、死胎和木乃伊胎，公猪出现睾丸炎。

【流行特点】 本病多发生在夏季、蚊蝇滋生季节，以青年猪感染率最高。孕猪感染多见于初产母猪，发病率20%~30%，多数能耐过，死亡率低。

【诊断要点】

1.6月龄的青年猪突然发病，体温升高至40~41℃，稽留热，几天后出现神经症状，视力障碍，摇头，后肢轻瘫，拖地而行，舌吐出口外不能收回口内。

2. 头胎母猪表现体温升高至41~42℃，精神不振，眼结膜充血，卧地不动，食欲废绝，只饮清水，便秘，尿色深黄，1~3天后出现流产，产出死胎、木乃伊胎或弱仔，产后胎衣停滞。

3. 种公猪感染后，精神高度沉郁，厌食，性欲下降，后肢不灵活，跗关节肿大，跛行，一侧睾丸肿大。

【预防措施】

1. 每年4月份给断奶仔猪和2岁的种公猪及后备母猪接种乙脑疫苗。

2. 及时消灭圈舍周围蚊蝇。

【治疗】

1. 为了缩短病程，可用牛黄解毒丸灌服或混饮。

2. 板蓝根100克、紫草30克、黄芩20克、滑石60克、甘草10克、朱砂5克煎服。

猪脑心肌炎病

本病是由脑心肌炎病毒引起的仔猪致死性很高的传染病。该病毒属自然疫源，带毒宿主范围很广，家畜和野生动物肠道内均有，人亦可感染。以脑炎、心肌和心肌周围炎为特征。

【流行特点】 各种年龄的猪都易感，但以危害仔猪最严重，特别是20日龄以内的仔猪，成年猪感染后呈隐性，不出现症状，呈良性经过，但能从粪便中排出病毒。

【诊断要点】

1. 最急性型多见 10 日龄左右的同窝仔猪，突然发病，兴奋不安，虚脱而死。

2. 急性型多见于 20 日龄的仔猪，突然发热至 41～42℃，呕吐，下痢，呼吸迫促，吮乳无力，全身发抖，1～2 天即死亡，病死率达 80%以上。

3. 剖检见胸、腹腔积液，心肌柔软，有条状红色和灰白色界线明显的虎斑条纹。

【预防措施】 目前尚未发现可用来预防的疫苗和药物疗法，只有防止疫源感染，例如对可疑病猪立即淘汰、焚毁，同时防止鼠类接近猪舍，尤其粪便污染，及时灭鼠。

提示 ①无菌抽取病死猪心血，接种在小白鼠腹腔，可引起发病，很快死亡，接种兔、鸡不发病，即可确诊。

②该病为人畜共患病，应严格隔离消毒，尤其防止儿童接触仔猪和粪便污染物。

猪巨细胞病毒病（猪包涵体鼻炎）

本病又叫猪包涵体鼻炎，病原属疱疹科病毒，传染源是病猪和带毒猪。病毒分布广泛，一般猪群阳性抗体达 90%以上。病后特征是哺乳仔猪鼻炎，成年猪呈隐性感染，孕母猪出现死胎和弱仔。

【流行特点】 本病的传染性决定于饲养管理的优劣，在良好的饲养管理、卫生、通风、温度条件下，该病很少发生，相反，易引起局部成群感染。该病毒只对猪有感染性，对其他动物无感染性。

【诊断要点】

1. 3～5 日龄仔猪感染后，首先表现鼻炎，喷嚏，流泪，鼻孔流出浆液性分泌物，甚至鼻孔堵塞，无法吮乳，用口呼吸，消瘦，严重时因呼吸困难而死亡，死亡率 20%。

2. 怀孕母猪感染后，主要表现鼻孔和眼睛充血，出现卡他性炎症，大量流浆液性分泌物。分娩时可见胚胎死亡和不发育，有时可见木乃伊胎。

目前尚无有效疫苗用来预防接种。

【治疗】

1. 板蓝根滴鼻，1天3次，连用3天（适合幼小猪）。

2. 樟脑、葱白混合捣为泥，填塞一侧鼻孔中，每天一鼻孔，轮换着堵塞，1天1次。

3. 土单方：生石膏、板蓝根各100克，煎汁浓缩成500毫升，一次灌服，1天1次，连服3天。

4. 针灸：圆利针，大椎、苏气穴。

猪蓝眼病

本病是由副黏病毒引起的一种急热性、群发性传染病，因被感染的猪年龄不同，症状各异。以神经紊乱、角膜混浊和繁殖障碍为特征。

【流行特点】　有明显季节性，多发生在高温多雨季节，呈流行性，各种年龄的猪均可感染。哺乳仔猪以脑炎和肠炎为主；断奶后仔猪以肺炎和眼炎为主；成年猪出现孕猪返情，产出死胎，公猪睾丸炎等各种症状表现。

【诊断要点】

1. 哺乳仔猪发病率最高，病初体温升高至 $40\sim41℃$，被毛粗乱，拱背，行走摇摆，肌肉抽搐，眼球震颤，眼充血肿胀流泪，眼角膜混浊变蓝色，失明，很快死亡，感染率60%，死亡率100%。

2. 断奶后仔猪经短暂发热后，打喷嚏和咳嗽，感染率30%，死亡率10%。

3. 妊娠母猪表现孕期发情，减食不安，爬跨其他猪，分娩时产出死胎、木乃伊胎，产仔数大减，但不见中途流产。

4. 种公猪性欲下降，配种不热情，甚至出现阳痿，睾丸、附睾增大（肿）。

【预防措施】 目前尚无有效疫苗和药物治疗，唯一方法是严格检疫，防止引进带病毒猪。

病毒性腹泻（黏膜病）

本病是断奶前仔猪传染性胃肠炎，病原是牛病毒性腹泻病毒，以喷射状腹泻，全身皮肤苍白，呕吐，死亡率极高为特征。

【流行特点】 本病多发生于冬末春初，当牛发生传染性腹泻病时开始流行，仅见于哺乳仔猪发病，发病率50%，死亡率100%，单窝发生，成年猪和老母猪很少见到发病，断奶后仔猪感染10%左右。

【诊断要点】

1. 潜伏期很短，只有1~2天，初生仔猪3日龄就有发生，表现精神不欢，随后出现腹泻，粪便呈水样灰黄色，吮乳停止，腹部萎缩，走动摇摆，关节肿大。

2. 断奶后仔猪表现精神沉郁，食欲大减，拉绿色稀便，但仍有食欲，跛行，腹泻3~5天后逐渐康复。

3. 剖检见小肠绒毛萎缩，结肠有烂斑，肠管中积有褐色泡沫液体，心、肾外膜有散在性出血点（很似猪瘟）。

【预防措施】 可将病猪的粪便喂给孕后期的母猪，其所产仔猪就有抗本病能力。

【治疗】

1. 对断奶后仔猪可用猪瘟兔化弱毒苗2头份注射于交巢穴（病毒干扰）。

2. 用1%"九二〇"水溶液滴鼻，每次1~2滴。

弓形体病

本病的病原体为刚第弓形虫，终末宿主是猫，猪为中间宿主，猪染病后以高热、便秘和腹股沟淋巴结肿大为特征。

【流行特点】　弓形虫病主要发生在每年的夏秋高温多雨季节，传染性很强，呈流行性。易感动物很多，除猪易感染外，还有羊、牛、犬、兔和鼠类，人亦可感染。患病动物的排泄物是传染源，经消化道感染，各种年龄的猪都易感染，但以青年猪易感性最高。本病还能和猪肺疫混合感染，出现明显呼吸道紊乱症状，如咳嗽和呼吸困难（参看多病原混合感染鉴别表）。

【诊断要点】

1. 属急热性、突发性传染病，有明显季节性，特别是湿热雨季呈暴发式流行。

2. 病初体温升高至 42℃以上，食欲废绝，精神沉郁，腹式呼吸，咳嗽，流鼻涕。病初腹围增大，便秘，几天后出现下痢。孕后期流产。

3. 全身寒战，被毛粗乱，背部皮肤苍白，四肢末端、耳尖呈紫红色。

4. 体表淋巴结肿大，尤其腹股沟淋巴结明显增大，阴户流出乳白色透明分泌物。

【预防措施】

1. 消除传染源，灭鼠，杜绝猫入猪舍及排泄物污染饲料。

2. 泰乐菌素 200 克/吨料混饲。

3. 病猪流产污染物深埋，防止犬、猫采食。

【治疗】

1. 磺胺嘧啶内服，首次量 0.2 克/千克体重，1 天 1 次，次日维持量 0.1 克/千克体重，连服 3 天。

2. 泰灭净 0.1 克/千克体重，一次内服。

3. 肌内注射磺胺甲氧嘧啶注射液 15~20 毫克/千克体重，1 天 1 次，连用 3 天。

4. 中草药：大黄、黄芩、僵蚕、常山、甘草各 10 克，煎汁浓缩至 50 毫升，一次灌服。

5. 土单方：威灵仙 30 克、鲜青蒿 100 克，煎汁混饮。

猪附红细胞体病

本病是因附红细胞体寄生于红细胞或血浆中引起的。血片镜检时，虫体呈逗点或月牙状，自然颜色是红细胞呈橘黄色，而虫体呈淡蓝色，核呈紫红色，多数依附在红细胞表面，少数游离在血浆中。以高热、贫血、黄疸和全身皮肤充血红染为本病特征。

【流行特点】 本病传染源为病猪，传播媒介为吸血昆虫。多单独发病，也可和其他病原混合感染，如猪瘟等混合感染则呈群发性。断奶后仔猪感染率最高，达 90% 以上，哺乳仔猪感染后多能耐过，育成猪和成年猪感染较轻，死亡率 30% 左右。本病的另一特点是有季节性，夏季发生。

【诊断要点】

1. 断奶猪和青年猪感染后，高热稽留 41~42℃，全身皮肤发红，背部皮肤毛孔充血，腹下四肢内侧出现紫红斑，便秘，尿呈浓茶色。

2. 哺乳仔猪尤其 10 日龄前感染后，表现精神沉郁，吮乳不欢，2~3 天后即恢复正常。

3. 繁殖母猪表现高热厌食，皮肤苍白，可视黏膜黄染，乳房和阴门水肿，1~3 天后发生流产，并出现日后长期不发情或屡配不孕，阴道分泌物增多。

4. 本病还能和猪瘟同时发生混合感染，表现腹下皮肤有出血点，眼炎，眼屎增多。

【预防措施】　可在夏季受威胁区用金霉素 50 克/吨饲料混饲。

【治疗】

1. 贝尼尔 3～4 毫克/千克体重，一次溶于 10 毫升生理盐水中，加入 25%葡萄糖 200 毫升中，一次静脉注射即可。

2. 复方奎宁针按 7 毫克/千克体重一次肌内注射。．

3. 土单方：鲜青蒿 500 克挤汁 100 毫升，一次灌服，1 天 1 次，连灌 3 天。

提示　确诊应采病猪（高热期）耳静脉血，用生理盐水 1∶2 的浓度制成悬滴镜检，可见红细胞周围附着有数个暗色圆形颗粒即可确诊。

猪喘气病

本病俗称猪霉形体肺炎，病原为猪肺炎支原体，是一种慢性呼吸道传染病。特殊症状是经常咳嗽，呼吸快速，每分钟可达 100 次以上。

【流行特点】　可感染各种年龄的猪，以断奶后和青年猪发病率最高，症状严重，哺乳仔猪很少见到。两年以上母猪和种公猪呈隐性感染，症状轻微。经呼吸道接触感染，新疫区呈暴发流行，寒冷可诱发本病，所以本病又叫条件性传染病。

【诊断要点】

1. 断奶仔猪感染后，不定时出现阵发性咳嗽，食欲正常，5～10 天后咳嗽减轻，但呼吸明显加快，病后 15 天左右逐渐出现呼吸困难，气喘严重，有时呈犬坐姿势，甚至卧下困难，这时食欲大减，被毛干燥无光，明显两肋扇动。

2. 发病率高，死亡率低，病程长，基本不减食，但生长缓慢。

3. 剖检见肺心叶和尖叶实变，呈大理石样，黑白红三色相间，切成小块放入水中立即下沉水底部。

【预防措施】

1. 严格采取全进全出的生产方式，或采取自繁自养，不从外地购进猪。

2. 在易发地区，可用乳兔弱毒苗或灭活苗接种。

3. 立即采用泰乐菌素混饲 100 克/吨，连喂 3～4 天。

4. 二次免疫可用灭活疫苗。

【治疗】

1. 硫酸卡那霉素按 5～10 毫克/千克体重一次肌内注射，1 天 1 次，连用 3 天。

2. 林可霉素按 10 毫克/千克体重一次胸腔注射。

3. 土单方：羊胆汁 5～10 毫升一次肌内注射。

4. 针灸：七星、肺俞、苏气。

仔猪支原体性关节炎

本病为猪滑液支原体引起的非化脓性关节炎，是一种散发性传染病。以膝关节肿大、跛行和睾丸肿大为特征。

【流行特点】 本病在寒冷冬季全窝仔猪发病，各种年龄的猪都易感染，但以仔猪多发生。在猪群中感染率为 5%～10%，首次发生可达 50%。病源是病猪的排泄物，接触感染，规模化群养猪多发生，散养户低密度少见发生。

【诊断要点】

1. 断奶前仔猪体温升高至 40～41℃，一肢或四肢跛行，腕关节肿大，患肢不敢负重，常将病肢提起，哺乳减半，病程 1 周。

2. 断奶后 10 周龄仔猪发病后，表现发热、咳嗽、喷嚏、流鼻涕，呕吐，食欲不振，跛行，腕关节肿大 2～3 倍。

3. 剖检见心包内有乳白色液体，心外膜粗糙，内脏诸浆膜有黄白色纤维素。关节腔有血性浆液，关节周围水肿。

【预防措施】

1. 在哺乳仔猪饮水中加入泰乐菌素，按 10 千克水加入 1 克，混饮 3 天即可。

2. 断奶后仔猪可用泰乐菌素 100 克/吨饲料混饲，一周即可。

【治疗】

1. 肌内注射泰乐菌素 5～10 毫克/千克体重，1 天 1 次，连注 3 天。

2. 10%氟苯尼考 0.4 毫升/千克体重，一次肌内注射。

3. 中草药：木瓜 15 克、牛膝 20 克、杜仲 10 克、故子 20 克、没药 10 克、桂枝 5 克，煎汁混饮，10～12 只乳猪饮用，连饮 4 天。

4. 土单方：地骨皮、板蓝根各 30 克，煎汁混饮。

猪呼吸道疾病综合征

本病是门诊兽医多见的一种以呼吸系统病变为主的疾病，病原具有多样性，致病菌和病毒同时存在，是一种病原微生物的复合感染或继发性感染。以高热、眼炎和呼吸障碍为本病特征。

【流行特点】 本病没有季节性，呈群发性，发病率高，药物治疗难度大，治疗应答不明显。示病症状不典型，难以确诊，是一种病原多样化、症状混合化、死亡率很高的疾病。

【诊断要点】

1. 各种强烈刺激，如气候突变，突然更换饲料，断奶关，分群，运输，阉割等因素影响引起的应激反应，是诱发本病的诱因。

2. 持续高热，厌食，咳嗽，腹式呼吸。

3. 眼结膜充血、发炎，大量分泌眼屎。

4. 药物治疗效应迟钝，病程长，慢性经过。

5. 剖检见肺瘀血、水肿，肺实质呈熟鱼肉样，胸膜炎，有胸水。

【预防措施】 及时接种蓝耳病、胸膜肺炎放线杆菌、链球菌疫苗，可有效防止本病发生。

【治疗】

1. 忌用退热药和地塞米松，采用镇静性脱敏性药注射，异丙嗪按3 毫克/千克体重一次肌内注射。

2. 10%黄芪多糖按 1 毫升/千克体重一次肌内注射，1 天 1 次，连用 3 天。

3. 中草药：党参、白术、黄芪、地骨皮、云苓各 15 克共研末，一次拌饲，1 天 1 次，连喂 3 天。

4. 土单方：板蓝根、蒲公英各 30 克，煎水混饮，1 天饮完。

5. 针灸：大椎、苏气、百会。

衣原体病

本病是由鹦鹉热衣原体引起的猪病。病原是介于病毒与细菌之间的细胞内寄生菌，呈球形，有细胞壁，革兰氏染色阴性。以孕猪早产、死胎、胎儿皮肤上出现出血点为特征。

【流行特点】 呈地方性流行，没有季节性，每当突然更换饲料，转群，长途运输，天气剧变时可促使本病发生和扩散。

【诊断要点】

1. 病初体温升高，呼吸加快，寒战，减食，急性期过后出现关节肿大，跛行，公猪睾丸肿大。

2. 初产母猪出现流产，弱仔，胎衣停滞。

3. 适龄母猪感染率高，发情规律失常，孕后返情及久配不孕。

【预防措施】

1. 选用鹦鹉热疫苗一年接种一次。

2. 在易发地区可用土霉素碱混饲，配比为百万分之四百。连续混饲半个月。

3. 孕猪临产时对产房严格消毒，发现早产时对流产胎衣、死胎及其污染物必须深埋或烧掉。

【治疗】

1. 利福平内服，按 300 毫克一次，1 天 1 次。

2. 只适合感染初期用长效抗菌剂按 15 毫克/千克体重一次肌内注射，或替米考星 10 毫克/千克体重一次肌内注射。

钩端螺旋体病

本病流行有明显季节性，多发生在盛夏多雨时期。病原为钩端螺旋体，特征有三：一是人畜共患，二是可长期生活在水中，三是对酸碱度敏感，适合在 pH 为 7~7.2 的水中生存。病原体有多种类别，但形态相似，而抗原不同，菌体纤细，呈螺旋形，两端有钩。涂片镜检在暗视野可看到运动活泼的钩端螺旋体。以高热、贫血、黄疸和血红蛋白尿为本病特征。

【流行特点】　传染途径是消化道、呼吸道、生殖道及体表皮肤损伤，还可由虱蜱传播。传染源是被病畜污染的饮水，其中鼠类可长期带菌传播，由于病原可在水田淤泥、水塘存在，所以给动物感染增加了机会。

【诊断要点】

1. 病初体温突然升高至 41~42℃，精神沉郁，皮肤干燥，有片状出血。

2. 在猪群中感染率高，但出现症状和死亡率低，急性黄疸见于成年猪，还表现眼发炎，皮肤发炎奇痒，头部水肿，尿呈暗红色。

3. 断奶后仔猪除高热、黄疸、血尿外，还会出现背部皮肤干性坏死。

4. 怀孕猪还会出现流产。

【预防措施】　在易发季节，特别是受到威胁的猪场可选用土霉素碱 1 克/千克饲料混饲。与此同时对猪场消毒，灭鼠。

【治疗】

1. 肌内注射链霉素 25 毫克/千克体重，1 天 2 次，连用 3 天。

2. 中草药：秦艽、瞿麦、当归、黄芩、白芍各 20 克，粉碎为末，一次混饲，或煎汁灌服。

3. 针灸：大椎、天门、百会。

链球菌病

本病是由 C 群链球菌引起的症状各异的多种猪病，如脑炎、关节炎、败血型和淋巴结化脓症。各种链球菌均呈短链状排列，革兰氏染色阳性，其中以败血型链球菌（C 型兽疫链球菌）危害严重。以高热、跛行、脑炎和心内膜炎、死亡率高为特征。

【流行特点】　呈暴发性流行，传染迅速，尤其初次流行时，在猪群中很快被感染。以断奶后及青年猪感染率最高，达 90％以上，死亡率为 80％，哺乳仔猪少见发病。本病一年四季均有发生，最多发生在春秋两季。本病有时和伪狂犬病同时发生混合感染，表现关节炎、跛行。

【诊断要点】

1. 传染源是病猪和病愈带菌猪，传染途径是经呼吸道、消化道和皮肤损伤处感染。

2. 急性败血型多发生在高温高湿季节，表现高热 42℃以上，流浆液性鼻涕，眼结膜高度充血，全身皮肤先苍白，以后腹下和四肢内侧呈紫红色，四肢僵硬，尿呈棕黄色、黏稠，很快死亡。

3. 脑膜炎型表现高热厌食，呕吐，便秘，流涕，全身僵硬，兴奋与昏迷交替出现，视力障碍，有时直奔，有时转圈运动，严重时后肢麻痹。

4. 关节炎型呈慢性经过，厌食，日渐消瘦，四肢关节肿大，尤其腕关节和跗关节肿大明显，行走小心，四肢聚于腹下，病程长达数月。

【预防措施】

1. 在易发生地区给产前母猪接种链球菌灭活菌苗。

2. 外伤时要及时消毒和保护伤口，尤其注射药物及接生时更要注意消毒杀菌。

【治疗】

1. 青霉素和链霉素各 100 万单位混合肌内注射，1 天 2 次，连用 3 天。

2. 阿米卡星 10 毫克/千克体重，1 天 1 次肌内注射。

3. 林可霉素 10 毫克/千克体重，1 次肌内注射。

4. 中草药礞石、远志、茯神、薄荷、二花、大青叶各 15 克煎服，1 天 1 剂，连服 3 天。

提示　①为了确诊，可抽取关节液（肿胀处）接种家兔和小白鼠，若 48 小时后发生死亡即为阳性。

②本病为人畜共患病，要严格隔离消毒，病死猪不可剖检，应就地焚毁深埋。

副猪嗜血杆菌病

本病是由副猪嗜血杆菌引起的一种呼吸道综合征，呈急性热性死亡率很高的传染病，是当今危害养猪业的严重疾病。病原是一种条件病原体，广泛存在于猪的呼吸道中，为多形性菌，有球杆菌、细长形和丝状菌，革兰氏染色阳性，有荚膜和多血清型，以多发性浆膜炎、高热、咳嗽、跛行为本病特征。

【流行特点】　各种年龄的猪均可发生，以青年猪和断奶前后的仔猪发病率最高，达 90%，死亡率达 50%，两年以上猪发病较少，发病没有季节性。就笔者观察，本病冬季少见，春季多发，呈流行性，传染迅速。易和猪流行性感冒同时发生混合感染。

【诊断要点】

1. 哺乳仔猪呈整窝发病，表现体温升高至 41℃，寒战，吮乳停止，咳嗽，腹式呼吸，消瘦，被毛粗乱，贫血，末端皮肤发绀。

2. 断奶后仔猪表现病初发热，咳嗽，呼吸困难，采食下降或停食，跛行，关节肿大，可视黏膜发绀。

3. 孕母猪孕后期早产，胎衣停滞，食欲不振，泌乳甚少，不关心仔猪，甚至拒绝哺乳仔猪。

4. 剖检见内脏诸浆膜发炎充血，表面附纤维蛋白渗出物，皮下结缔组织水肿，关节囊滑液增多，关节膜呈粉红色，肺充血水肿。

【预防措施】 选用副猪嗜血杆菌二价灭活苗接种哺乳仔猪 1 毫升/头。母猪配种前接种 3 毫升/头。

【治疗】

1. 阿米卡星 10 毫克/千克体重 1 次肌内注射。

2. 10%氟苯尼考注射液 0.4 毫升/千克体重 2 天注射 1 次。

3. 中草药：柴胡 15 克、半夏 10 克、黄芩 15 克、生姜 20 克、甘草 15 克，煎汁服。

4. 副猪嗜血杆菌高免血清肌内注射，乳猪 10 毫升/头，断奶后猪 20 毫升/头。

附　　　自制副猪嗜血杆菌高免血清方法

挑选无病育成猪一头，用副猪嗜血杆菌二价苗肌内注射 20 毫升。一周后再重复注射 10 毫升，待到 15 天后以无菌抽取动脉血盛入无菌玻璃瓶中置阴凉处，待血清充分析出后，无菌抽取上层血清以每 100 毫升血清加入 5%石炭酸 1.1 毫升，分装于无菌瓶中置 4℃的冰箱保存。

提示 ①该病与关节炎型链球菌病易混淆，其主要区别是：本病有咳嗽和呼吸困难，而猪链球病无此症状。

②本病极易诱发及并发其他病毒性侵袭性疾病，引起混合型感染。

猪传染性萎缩性鼻炎

本病是由支气管败血波氏杆菌和产毒素多杀性巴氏杆菌所引起的肺炎与鼻炎。波氏杆菌为细球杆菌，有鞭毛，能运动，革兰氏染色阴性。以哺乳仔猪发生急性肺炎，断奶后仔猪发生慢性鼻炎、鼻塞为特征。

【流行特点】　本病的传染源为病猪和病愈猪的鼻腔分泌物，鼠类是本病的自然储存宿主。通过接触经呼吸道感染，呈地方性、区域性发生，不分季节，各种年龄的猪都易感，人和其他动物也有感染，呈散发，死亡率不高。

【诊断要点】

1. 哺乳仔猪呈群发性，经常咳嗽但不发热，呼吸加快，听诊肺部有强烈水泡音，吮乳不积极，排粪干燥，颗粒小如鼠粪样，严重时皮肤苍白，末端发绀。

2. 断奶后仔猪病初频频打喷嚏，流脓性鼻涕，经常摩擦鼻端，有时鼻流血，鼻塞严重，张口呼吸，双侧大眼角流泪，并留有黑色泪痕，有少数鼻部变形、缩短。

【预防措施】　临产前一个月给母猪接种波氏杆菌灭活苗。

【治疗】

1. 哺乳仔猪用肾上腺素庆大霉素滴鼻，1 天 2 次。

2. 断奶后仔猪用肾上腺素地塞米松滴鼻。肌内注射硫酸卡那霉素 4 万/千克体重，1 天 2 次。

3. 土单方：苍耳籽 5 克、辛夷 2 克、冰片 1 克研末，吹入鼻腔内，1 天 1 次，连用 3 天即可。

猪接触传染性胸膜肺炎

本病是由胸膜肺炎放线杆菌引起的猪内脏浆膜及呼吸系统为主的接触性传染病。病原分两个生物类型，Ⅰ型菌株培养时需生长因子，

Ⅱ型菌株则不需要，革兰氏染色阴性，小球杆菌，无芽孢和鞭毛，抵抗力不强，一般消毒药可杀灭，但对结晶紫、林可霉素有抵抗力。以纤维素性出血性胸膜肺炎为特征。

【流行特点】　各种年龄的猪都易感染，接触感染，强烈应激是诱因。以断奶后仔猪最易感染，感染率50%，病死率高达80%以上，本病分布广泛，已成为威胁养猪业的严重疾病，因本病多在长途运输后发生，所以又称"运输病"。

【诊断要点】

1. 断奶后仔猪表现突然发病，体温升高至40℃，精神沉郁，全身寒战，呼吸迫促，阵发性咳嗽，听诊肺部啰音明显，流浆液性鼻涕，病猪多在出现症状后1~2天死亡，死前鼻孔流出血性泡沫。

2. 青年猪表现全身皮肤发红，食欲废绝，间断发生咳嗽，症状较轻，病猪若不反复应用抗菌、退热药可在2~3天后恢复食欲，趋向康复。

3. 剖检见胸膜粘连，胸水暗红色。

【预防措施】　仔猪断奶后接种胸膜肺炎放线杆菌灭活疫苗。

【治疗】

1. 肌内注射黄芪多糖，0.2毫升/千克体重1天1次。

2. 10%氟苯尼考0.4毫升/千克体重一次肌内注射，1天1次。

3. 药物群防治可采用氟苯尼考混饲。

4. 中草药：知母、杏仁、桔梗、前胡、连翘、天花粉、苍术各15克煎汁，加蜂蜜100克让其自饮。

5. 土单方：棉花的白花（干）100克、桑树根白皮（湿的新鲜）100克熬水，饮1天。

6. 针灸：圆利针，苏气、肺俞穴。

猪喘气病鉴别诊断

病名	猪接触传染性胸膜肺炎	副猪嗜血杆菌病	猪喘气病
病原	胸膜肺炎放线杆菌(溶血嗜血杆菌)	副猪嗜血杆菌	猪肺炎支原体
传染方式	接触感染,空气飞沫,拥挤应激	接触感染,经呼吸道,消化道,应激反应	经呼吸道感染
季节性	无明显季节性,但夏季多发	春季多发	冬季多发
症状	突然高热 41~42℃,呼吸困难,鼻流血性泡沫,大坐姿势,断奶后猪症状严重,成年猪症状轻	2~4 月龄仔猪多发,咳嗽,呼吸迫促,全身发抖,跛行,关节炎,母猪易流产,种公猪关节肿,内脏浆膜发炎	慢性经过,边吃边喘,张口呼吸,各种年龄的猪都易感
剖检	纤维性胸膜炎,肺充血,水肿,肺,胸膜粘连,肺充血实变	内脏浆膜发炎,覆有纤维素性渗出物,皮下水肿,心外膜和心肌粘连——"绒毛心"	肺气肿,肺的心尖叶实变,如大理石样。肉变部分切块放入水中会沉底
治疗	黄芪多糖注射液 0.2 毫升/千克体重注射,1 天 1 次。10%氟苯尼考注射液 0.4 毫升/千克体重注射,2 天注射 1 次	阿米卡星 10 毫克/千克体重一次肌内注射,1 天 1 次 黄芪多糖	支原净 200 克/吨饲料拌饲

猪小肠腺瘤病

本病又叫增生性肠炎，病原为解硫弧菌属胞内劳森菌，革兰氏染色阴性，以排泄黑色油样稀便为特征。

【流行特点】 新疫区呈突发性，病初拉血色水样稀便，各种年龄的猪都易感染，尤其哺乳仔猪症状严重，常有突然死亡之现象。流行过该病地区的仔猪因获母源抗体作用，有抵抗力不会感染。

【诊断要点】

1. 急性型：多见于断奶后仔猪，病初拉西红柿水样粪便，1~2 天后变成黑色焦油样稀便，皮肤苍白，个别仔猪会突发死亡。

2. 慢性型：多见于青年猪，食欲减退，拉棕色稀便，有时粪中带血，粪呈稀糊状。

3. 剖检见结肠上部肠壁增厚，肠管变粗，肠绒毛上皮增生，其他脏器无可见变化。

【预防措施】

1. 彻底阻断传染源和传播机会，如仔猪提前断奶，转入消毒圈舍前要空圈 15 天。

2. 用泰乐菌素 100 克拌饲料 1 吨，混饲 5 天。

3. 10%氟苯尼考注射液 0.4 毫升/千克体重肌内注射。

【治疗】

1. 用泰乐菌素注射液按 5~10 毫克/千克体重，一次肌内注射，1 天 1 次，连用 3 天。

2. 甲硝唑按 4 毫克/千克体重一次内服，1 天 1 次，连服 5 天。

3. 中草药：附子 10 克、白芍 100 克、木香 10 克、茜草根 300 克共研末，混饲 10 天。

仔猪白痢

仔猪白痢是由致病性大肠杆菌引起的半月龄仔猪发生的急性肠道病。病原是一种革兰氏阴性无芽孢、不形成荚膜的短杆菌，在圈舍地面可存活数周。以群发拉牙膏样灰白色糊状粪便为特征。

【流行特点】 大肠杆菌是猪肠道中正常存在的细菌，只有当各种诱因如天气忽变、母猪发热、圈舍卫生差、粪尿堆积、仔猪口渴时饮粪水后，刺激使仔猪消化道紊乱，才能转化成致病菌，引起仔猪胃肠发生异常变化而出现本病，虽然发病率相当高，但死亡率低。

【诊断要点】

1. 本病无季节性，同窝仔猪呈群发性。

2. 发病年龄是 15~30 日龄的仔猪，天气骤变，寒冷刺激，可诱发本病。

3. 病初排牙膏样灰白色稠粪便，一天后转为灰白色稀便且含有黏液和泡沫，有特殊腥臭，肛门、尾根及后腿被稀粪污染，体温和食欲一般无大变化，病程 2~3 天，易自愈。

【预防措施】

1. 仔猪开食时在饲料中添加替米考星 1 克/10 千克。

2. 提前开食，解决因仔猪日龄渐大食量增加、母猪乳汁供不应求时，仔猪饥渴而饮污水的问题。

3. 注意圈舍地面清洁卫生，及时清除粪尿并及时定期进行消毒。

4. 采用 21 金维他饮水，能提高仔猪抗病力，有效防止白痢病发生。

【治疗】

1. 最佳方法是选用毛白杨树叶（干的）撒在圈内地面 5 厘米厚，点着燃烧地面。

2. 恩诺沙星注射液 0.1 毫升/千克体重一次肌内注射或灌服（内

服量加倍）。

3. 庆大霉素适量、蜂蜜 100 克、开水 150 毫升混合，每天 2 次，每次每只猪灌服 2 毫升。

4. 土单方：①用米醋 100 毫升喂带仔母猪，对治疗仔猪白痢有效。②白头翁、瞿麦各 20 克喂母猪。

仔猪黄痢

仔猪黄痢又叫早发性大肠杆菌病，是引起 1~7 日龄的仔猪急性、致死率很高的传染性疾病。以急性剧烈腹泻，排黄色水样稀便为特征。

【流行特点】 本病发生于刚出生一周内的仔猪，传染源是带病的母猪，如被病原菌污染的乳头及皮肤，在仔猪吮乳时而感染。窝发病率 90%，死亡率达 100%，一般老产房，又没有清扫消毒时发病率最高，其中头胎母猪所产仔猪发病率最高。

【诊断要点】

1. 仔猪出生后 1~2 天，突然出现 1~2 只昏睡、衰弱而死亡，以后相继出现仔猪腹泻。

2. 病初鼻端樱桃红，吮乳不积极，排粪次数增多，拉黄色稀水样粪便，粪中混有凝乳片，但无呕吐现象。

3. 病至第 2 天，拉便次数减少，但精神高度沉郁，停止哺乳，迅速消瘦，全身皮肤苍白，迅速脱水而死亡。

4. 剖检见肠道内有多量黄色稀便，十二指肠黏膜充血，肠系膜淋巴结切面有小点出血，肝、肾表面有灰白坏死点。

【预防措施】

1. 产房在接产前彻底消毒，空圈一周后再利用。

2. 母猪临产时，要对乳房、会阴甚至腹下部用肥皂水洗刷干净。

【治疗】

1. 对新生仔猪清洗口腔黏膜后，用痢菌净注射液往仔猪口腔滴 1~2 滴即可。

2. 土霉素 1 克，白头翁、瞿麦各 30 克，给母猪混饲 3 天。

3. 若发现仔猪拉黄色稀粪时，立即用庆大霉素适量、常水 100 毫升、蜂蜜 100 克混合，涂擦母猪乳头，趁仔猪吮乳时用毛笔蘸药水涂抹乳头，每天至少涂抹 3 次。

仔猪红痢

本病是新生仔猪肠毒血症，又叫坏死性出血性肠炎。病原是 C 型魏氏梭菌，革兰氏染色阳性，有荚膜，无运动性厌氧大杆菌，以周龄内仔猪突然发生出血性下痢、死亡率极高为特征。

【流行特点】 本病多发生于圈舍内积存有黑泥污水坑的猪舍，仔猪出生后数小时就有该病发生，其中 3 日龄为发病高峰，10 日龄后很少见到。病程 1~3 天，一旦发病，死亡率 100%，各窝发病率不尽相同，有多有少，尚未见到全窝同时发病的病例。

【诊断要点】

1. 仔猪出生后未见异常，2~3 天后可见个别仔猪精神不振，吮乳不欢，走路摇晃，拉红色黏液粪便，并污染后躯、尾下及后腿弯处，多在 1~3 天死亡。

2. 慢性病例，开始拉红色水样稀便，很快转为灰色黏稠粪便，消瘦贫血，停止哺乳，卧地不动，头部水肿，对周围动静漠不关心，5~7 天后死亡。

3. 剖检见部分肠管充血，呈暗红色，肠系膜淋巴结充血色红，肠管内有西红柿水样黏液。

【预防措施】

1. 彻底清除产房死角、污泥坑，并用漂白粉消毒。

2. 临产母猪要消毒乳房。

3. 在产前一个月接种猪红痢菌苗。

【治疗】

1. 林可霉素 2 毫升一次肌内注射。

2. 氨苄西林、阿莫西林各 2 万单位内服。

3. 中草药：白芍 10 克、木香 5 克、茜草根 20 克煎汁浓缩 100 毫升，每只仔猪灌服 2 毫升，1 天 3 次。

4. 土单方：茜草根煎汁喂母猪（代水饮用）。

猪 痢 疾

本病是猪带有腹痛性、连续性拉少量黏液带血丝的肠道炎症。病原为猪痢疾短螺旋体，革兰氏阴性，厌氧，无荚膜，能运动，猪是本病的唯一宿主。

【流行特点】 病猪和带菌猪经常随大便排出大量猪痢疾短螺旋体，污染周围环境，通过被污染的饲料、饲具而传播，传染途径是消化道。康复猪成为主要带菌者，各种年龄猪都易感，但以青年猪发病率最高达 75%，病死率为 5%～25%，猪群拥挤、卫生条件差会增加发病率和死亡率。

【诊断要点】

1. 断奶后仔猪突然发病，频繁拉黏液性蛋白胨样粪便，里急后重，不停努责，很快死亡。

2. 青年仔猪（2～4 月龄）食欲废绝，水样腹泻，后变为粥样黏液腹泻，粪中带血丝，渴欲增加，病程 7～10 天。

3. 成年猪感染后，下痢时轻时重，粪便黏稠，呈棕红色，有肠黏膜脱落现象，食欲减少，反复发作，便秘与腹泻交替出现，病程长，但死亡率低，生长缓慢。

【预防措施】 当发现本病流行时，可采用药物预防方法。

1. 泰乐菌素 100 克/吨饲料混饲，连喂 5 天。

2. 二甲硝咪唑 30 毫克/千克混饲，1 天 1 次，连喂 3 天。

【治疗】

1. 泰妙菌素 15 毫克/千克体重一次肌内注射，1 天 1 次。

2. 10%氟苯尼考按 0.4 毫升/千克体重肌内注射。

3. 土单方：马齿苋 250 克煎水取汁加红糖 25 克混饮。

提示　为了确诊，取病猪新鲜腹泻黏液涂片，加 1%亚甲蓝 1~2 滴混合镜检，暗视野可见到蛇形活泼运动的菌体。

仔猪副伤寒

本病又叫猪沙门杆菌病，病原适应性强，可在外界环境中生存数月，对阳光、干燥有抵抗力，革兰氏染色阴性。以高热，肠炎，持续性下痢为特征。

【流行特点】　本病呈散发或区域性流行，病猪和带菌猪是主要传染源，经消化道感染，强烈应激反应可促成本病发生。易感年龄是断奶前后仔猪，成年猪、老龄猪很少发生。一年四季都有发生，以秋季和寒冷季节流行最多。

【诊断要点】

1. 断奶后仔猪呈群发性，体温升高至 41℃，食欲大减，1~2 天后出现腹泻，数天后（3~4 天）出现脱水瘦弱，步态摇摆，体温下降而死亡，发病率 90%，死亡率 85%。

2. 青年猪感染后，头部水肿，拉黄绿色恶臭稀便，粪便中混有血丝，排粪次数增加，里急后重，不断努责，肛门红色，后腿被粪便污染，严重时肛门失禁，顺肛门流出带泡沫粪水。极度瘦弱，被毛粗乱，腹下和四肢内侧皮肤呈紫色。

3. 剖检见淋巴结肿大，肝、肾、脾有出血点，肠黏膜有灰白色麸皮样坏死溃疡斑。

【预防措施】

1. 泰乐菌素100克/吨料混饲3周，可有效预防本病。

2. 断奶后立即接种仔猪副伤寒疫苗，口服接种。

【治疗】

1. 新霉素口服，每天100毫克/千克体重一次内服，1天2次。

2. 10%氟苯尼考注射液，按0.4毫升/千克体重一次肌内注射，2天1次。

3. 板蓝根、黄芪、淫羊藿各20克煎服。

4. 土单方：①大蒜40克、雄黄3克、白酒60毫升，浸泡7天后，每头仔猪每天1次，每次服5毫升，连服3天。②5%石灰水，每天让猪自饮。

布氏杆菌病

本病俗称"布病"，是布氏杆菌引起的生殖障碍性传染病，是一种慢性传染病。病原体呈单个存在，无运动，不能形成荚膜和芽孢，革兰氏染色阴性。以猪全身性感染，只表现胎膜化脓，关节和脊椎膜化脓，孕后期流产，关节炎后肢麻痹为特征。

【流行特点】 布氏杆菌能感染人和多种家畜，在自然情况下，经消化道传染，也可经种公猪传染给母猪，5个月以下的仔猪有抵抗力，不易感，但到6个月以后就易感染了，传染源主要是患本病的猪、羊及流产污染物。

【诊断要点】

1. 母猪多在孕后3个月发生流产，流产后胎衣不会发生停滞（即很快排出体外），而且长期从阴道内排出脓性分泌物。若在孕前期流产，则可见死胎、木乃伊胎，也有同时发生脊椎膜炎，出现后肢麻痹。

2. 种公猪感染后，表现一侧或双侧睾丸炎，肿大1~2倍，阳痿，关节炎，跛行。

3. 剖检见子宫黏膜上有黄色小结节，结节质地坚硬，切面有少量干酪样物，卵巢肿大。关节肿大处滑液增多，滑膜充血红染。

【预防措施】

1. 发生过本病的猪场，初配母猪接种猪用布氏杆菌病 2 号苗。

2. 利福平 0.3 克／（日·次）内服。

3. 淘汰病猪和血清阳性猪。

4. 对断奶仔猪接种猪用布氏杆菌病 2 号苗（S2 菌苗）。

提示　本病易和猪乙型脑膜炎相混淆，区别在于本病是大批母猪流产，公猪睾丸炎，有许多猪关节炎跛行。而乙型脑膜炎有明显季节性，体温升高，流产，发生率不高。

大肠埃希杆菌乳房炎

本病又叫大肠杆菌性乳房炎，是母猪产后即发的泌乳障碍性疾病，是引起母猪繁殖失败的重要疾病，往往造成母病仔亡的严重后果，给养猪业带来不可弥补的损失。

【流行特点】　起病诱因主要是母猪饲养管理失衡，如缺乏运动、营养不良、过瘦或过肥、抵抗力下降、圈舍卫生条件差等最易感染本病。在分娩过程中，外界气温过高或过低，难产产程过长，均易促成本病发生。

【诊断要点】

1. 一般在分娩后 1~2 天发病，病初食欲不振，精神沉郁，呼吸加快，大便干，尿少而黄，体温 40~41℃。

2. 乳叶 1~3 个硬肿，有热痛，初乳稀薄，触诊疼痛，有粉红色乳汁流出，pH 值升至 7（正常为 6.5）。

3. 分娩后，母猪不关心仔猪，甚至听见仔猪尖叫就有反感反应，拒绝仔猪吮乳，伏卧，不让仔猪接近。

4. 因仔猪不能及时哺乳而饥饿消瘦，出现低血糖，表现衰弱，走动摇摆，甚至很快死亡；仔猪因衰弱无力而致行动缓慢，常见母猪卧下时被压死。

【预防措施】 理疗：在肿胀处用仙人掌、白矾适量混合捣成泥状外敷，两天后用硫酸镁 25 克、水 100 毫升进行热敷（45℃）。

【治疗】

1. 肌内注射硫酸阿米卡星 1.5~3 毫克/千克体重，1 天 2 次，连用 3 天。

2. 利福平 4 毫克/千克体重，1 天 1 次，连服 3 天。

3. 土单方：老丝瓜（去皮籽）熬水混饮，1 天 1 次，连服 3 天。

土拉杆菌病

本病又叫"野兔热"，鼠类和野兔是传染源。土拉弗朗西斯菌是一种多形性菌，有的呈球形，也有呈精子形，一般为杆状，革兰氏染色阴性，抵抗力很强，可在泥土中存活一年以上。以耳下淋巴结发炎、化脓为本病特征。

【流行特点】 本病流行有明显季节性，多在每年 4~5 月发生，各种年龄的猪都易感，经消化道感染，吸血昆虫也是传播媒介，呈区域性散发。

【诊断要点】

1. 成年猪症状轻微不引起人们注意，但仔猪尤其是断奶后青年猪症状明显，病初体温升高至41℃，精神沉郁，全身寒战，颌下和耳下淋巴结肿大发炎、破溃流脓。

2. 食欲大减，咳嗽，流涕，呼吸迫促，颈部强直或侧颈伸头。

3. 身体虚弱，懒得活动，多卧而不动，不思采食，大便秘结，小便黄而量少，病程半月左右。

【预防措施】 目前尚无可靠疫苗使用，最好在易感季节做好灭鼠和驱除吸血昆虫工作，注意环境消毒。

【治疗】

1. 肌内注射长效抗菌剂 0.1 毫升/千克体重，3 天 1 次。

2. 硫酸链霉素 20 毫克/千克体重，一次内服，1 天 2 次。

3. 土单方：万年青 30 克、山豆根 60 克煎汁混饮，1 天 1 次，连喂 5 天。

提示　①本病为人畜共患病，应加强防护，防止人被感染。

②确实诊断可抽取淋巴结渗出液，接种豚鼠后 4~7 天死亡，即为阳性。

猪　丹　毒

本病是夏季多发性、急热性传染病，病原为红斑丹毒丝菌，革兰氏染色阳性，不运动，无荚膜，不能形成芽孢。按病程可分为急性败血型、疹块型和慢性关节炎型，以高热死亡率高为特征。

【流行特点】　本病主要感染猪，人亦可感染，称为类丹毒。病猪和带菌猪是传染源。病猪粪、尿中含菌，多通过污染饲料用具、地面、皮肤创伤、消化道感染。也可通过昆虫叮咬而感染。高温、高湿气候能诱发本病。

【诊断要点】

1. 最急性败血型：猪丹毒见于新疫区，尽管晚上采食正常，第二天发现却已死在圈舍中。

2. 急性型：病初体温升高至 42~43℃，寒战，皮肤潮红，四肢僵硬，眼结膜充血，大便干燥，呼吸加快，腹下部四肢内侧有各种形状的红斑。病程 1~2 天，很快死亡，死亡率 80% 以上。

3. 疹块型：病初体温升高至 41℃ 左右，减食，精神不振，1~2 天后背部、胸壁的皮肤上出现界线明显的菱形、方块形紫红色疹块，疹块部皮肤坚硬，稍隆起健部皮肤表面，病程 5~6 天，病死率 40% 左右。

4. 慢性型：实际慢性型猪丹毒，多是以上急性的后遗症，如心内膜炎和皮肤坏死、关节炎等，这种猪表现食欲不振，消瘦贫血，腹式呼吸。部分组织因病菌繁殖引起血管堵塞，出现局部代谢停止而引起坏死，如皮肤局部、耳尖、尾尖出现干性坏死脱皮。

【预防措施】 疫区在每年 3~4 月份用猪丹毒弱毒苗接种，接种前 10 天不得用抗菌药。

【治疗】

1. 青霉素 8 万单位/千克体重溶于鸡蛋清 10 毫升内，一次肌内注射，1 天 1 次，连续注射 3 天。

2. 理疗：皂浴疗法，用 15℃温肥皂水洗刷全身。

3. 土单方：①紫背浮萍 100 克熬水一次内服。②黏土泥涂抹全身法，用红黏土加水调成稀粥样，涂抹猪全身。

提示 ①高热时忌用安乃近退热。②为了确诊可抽取患病猪（高热时）静脉血 1 毫升，注射于鸽子皮下，若 3 天后鸽子病死为阳性。③当猪群中个别健壮猪突然死亡，其他猪出现减食，应疑是本病。

仔猪水肿病

本病是由仔猪水肿病病原性大肠杆菌引起的仔猪致死性疾病，是仔猪一种特有的肠毒血症。大肠杆菌系猪肠道后段的常在菌，为革兰氏阴性，无芽孢的卵圆形杆菌，有鞭毛，能运动的兼性厌氧菌。部分菌株能溶解绵羊红细胞。

【流行特点】 本病主要发生于断奶后仔猪，尤其在饲料搭配不合理，缺乏蛋白质、维生素，加上气温低于 15℃时，可使发病加剧。呈散发性，很少成群发生。以生长快、食量大的猪首先发病。

【诊断要点】

1. 病初仔猪表现食欲废绝，精神沉郁，走路时摇摇摆摆，叫声嘶哑，后期反应迟钝，体温偏低，发病率 10%，死亡率 80%。

2. 多在病后 2～3 天出现水肿，首先是头部，然后向全身蔓延，两后肢内侧、腹下部皮肤水肿，触诊凉感，呈捏粉样，由于水肿严重直接影响后肢走动，两后肢叉开。

3. 病至后期，常出现神经症状，呈昏迷状，有惊厥，多数死亡，很少康复。

4. 剖检见内脏水肿部位呈胶冻样，胸、腹腔积液，皮下水肿处结缔组织呈玻璃样胶冻病变。

【预防措施】　断奶后加强饲养管理，在饲料中补充维生素、蛋白质，补饲鱼粉。

【治疗】

1. 硫酸卡那霉素按 15 毫克/千克体重一次肌内注射，1 天 2 次。

2. 板蓝根 20 克、黄芪 20 克、淫羊藿 20 克煎汁混饲。

3. 0.1% 亚硒酸钠注射液 1 毫升，一次肌内注射。

4. 中草药：赤小豆 100 克、商陆 10 克、大蒜 10 克熬水混饮，1 天 1 次。

破 伤 风

本病是由破伤风梭菌引起的外伤性传染病，破伤风梭菌单个存在，细长，一端形成芽孢，形似鼓槌样，革兰氏染色阳性，专性厌氧菌。以全身强直性痉挛，尾巴卷曲和张口困难为特征。

【流行特点】　破伤风梭菌广泛存在于土壤和粪便中，常由外伤伤口处感染，尤其是深部创伤，如阉割、尖锐物刺伤，各种家畜都易感。人亦可感染，一般无季节性，但多见于晚秋发生，阉割仔猪感染率最高。

【诊断要点】

1. 全身强直性痉挛，伸颈，伸头，腰硬，尾曲；四肢直立形如木马样，腹围紧缩。

2. 眼瞬膜凸出，口大量流涎，牙关紧闭，叫声嘶哑。

3. 平时易惊恐，对声、光刺激极敏感，如遇强光照射和大的声音就会立刻出现全身震颤和抽搐，甚至翻白眼。

【预防措施】

1. 如有外伤，皮肤伤口处要用碘酊消毒，涂抹消炎膏。

2. 阉割时要消毒，尤其防止粪便污染伤口，同时注射破伤风类毒素。

【治疗】

1. 病初要对病灶处扩创，清除创内异物，灌入过氧化氢，最后用碘酊棉填入创腔。

2. 立即肌内注射抗破伤风血清1万单位。

3. 肌内注射氯丙嗪2毫克/千克体重，1天2次。

4. 土单方：①扩创后用烧红的烙铁烙创腔，后填入生石灰。②附子10克、白糖20克煎汁50毫升，一次灌服，1天1次，连灌2次。

4. 干蝎2只研末，清凉油1克调和均匀，平分成2份，塞进两侧耳孔内。

5. 用蟾酥一小粒（绿豆大小）卡入尾尖部皮肤内，用刀切一小口，胶布贴住口防止脱出。

坏死杆菌病

本病俗称"猪眼子病"，是由坏死杆菌引起的皮肤坏死病。病原为短丝杆菌，革兰氏染色阴性，无鞭毛和芽孢，无荚膜。以颈和背部皮肤上出现散在性疮面，外观其大小、颜色、形状颇似眼睛样，故名"猪眼子病"。

【流行特点】 病原菌存在于土壤，当猪的皮肤有外伤后，如角斗咬伤，育成猪合群运输时互相咬架，该菌侵入形成病灶。尤其哺乳仔猪吮乳时咬伤母猪乳头，也会发生本病。

【诊断要点】

1. 坏死性皮炎多见于在猪背部、臀部、耳、肩胛部皮肤出现红肿结节，后坏死，流出灰黑色血性脓液，成为圆形溃疡面，溃疡中间凹陷，呈黑色干性坏死，而周围隆起成堤状呈红褐色，久不愈合。

2. 坏死性口鼻炎，体温升高至 41℃，食欲大减，全身衰弱，流涎，鼻孔流黑色或灰色稀鼻涕，鼻孔堵塞影响呼吸，用嘴张开呼吸，多在 4~5 天死亡，死亡率达 70%。

【预防措施】

1. 圈舍地面及其周围不许有尖锐的菱角、铁丝、玻璃碴等易钩伤猪皮肤的物品。

2. 初生仔猪要用钳子剪去胎牙。

3. 育成猪合群应在夜间进行，防止猪互相咬架。

【治疗】

1. 对溃疡面用 2.5%福尔马林冲洗后涂上磺胺软膏。

2. 土单方：花椒 20 克熬水冲洗患部，用生石灰填入病灶内。

3. 乌贼骨、辣椒各等份研末，撒布溃疡面。

李氏杆菌病

本病是由产单核细胞李氏杆菌引起的一种散发性人畜共患传染病。传染源是患病带菌动物，其排泄物通过消化道及呼吸道侵入猪体内而发病。以脑炎样表现转圈运动，角弓反张为本病特征。

【流行特点】 李氏杆菌病多发生于每年初春，断奶后仔猪感染率高，虽然感染率仅 30%，但死亡率达 100%。

【诊断要点】

1. 脑炎型：病猪伏卧，前肢跪行，后肢拖地，有时做转圈运动，兴奋与昏迷交替出现，口腔干燥，眼结膜潮红，粪便干燥，1~2 天死亡。

2. 败血型：病初体温升高，全身寒战，贫血，呼吸困难，耳尖和腹下皮肤发紫，突然倒地，做游泳状，1~3 天死亡。

3. 慢性型：多见于怀孕母猪，病初体温偏低，长期食欲不振，消瘦，有时流产，病程月余，最终死亡。

【预防措施】

1. 发现鼠尸体要及时烧毁深埋，清扫圈舍，并用优碘消毒剂 1:500 稀释喷雾消毒猪舍地面。

2. 对可疑病猪不予治疗，应立即淘汰焚毁，清除疫源。

猪 肺 疫

本病俗称猪"肿脖瘟"，是由多杀性巴氏杆菌引起的急性热性呼吸道传染病。病原菌两端钝圆，无芽孢，无运动，革兰氏染色阴性，有两极着色的特性。以高热咽喉肿胀，呼吸困难为特征。

【流行特点】 本病发生无季节性，呈散在性发生，由于该菌在健猪呼吸道就存在，属条件病原体，每当猪受强应激刺激，气候突变，过于拥挤及长途运输等都可诱发本病。

【诊断要点】

1. 败血型：病初体温上升至 41~42℃，食欲废绝，心跳快速，口、鼻青紫色，耳根、颈、腹下部有出血点，眼结膜充血，2~3 天死亡。

2. 胸膜肺炎型：病初体温升高至 40~41℃，咳嗽，流清涕，呼吸迫促，背部皮肤有瘀血斑，粪便干燥，病后期出现腹泻，颈部及咽喉部肿胀，2~3 天会死亡。

3. 慢性型：有部分是以上两型转来，特征是连续性咳嗽，腹式呼吸，日渐消瘦，关节肿大跛行。

4. 剖检：咽部肿，并有胶冻样渗出物，肺水肿，气管内有血性泡沫分泌物，肾与膀胱有出血点，胸膜和肺粘连。

【预防措施】 当外界气温不正常时，加强饲养管理，防止一切强烈刺激引起的应激反应。必要时，如邻近有疫情发生时，可用泰妙菌素 20 毫克/千克体重内服，1 天 1 次，连服 3 天，有预防作用。

【治疗】

1. 盐酸土霉素 0.5~1 克，溶于 5%葡萄糖 200 毫升中，一次静脉注射，1 天 1 次，连注 3 天。

2. 土单方：①鲜绣球花 10 克、蜂蜜 20 克捣为泥，涂于舌根，1 天 1 次，3 次即可。②用烧红烙铁烧烙颈韧带上部，烙成黄色，但不可将局部皮肤烙焦、起泡。

炭 疽 病

本病是由炭疽杆菌引起的猪慢性咽炎病，虽然全身症状不明显，但对育成猪有潜在危险性，甚至对人有威胁性。炭疽杆菌在外界可形成芽孢，可长期存活在泥土中，成为长久疫源地。该菌为粗大的竹节样杆菌，革兰氏染色阳性。

【流行特点】 本病发生多在暴雨水灾之后，主要通过消化道、呼吸道、皮肤损伤、吸血昆虫叮咬而感染。

【诊断要点】

1. 猪对炭疽有一定抵抗力，感染病后症状多呈隐性。如暂时性体温升高，咽喉不适，采食时发呛，颈部不灵活。

2. 严重的呈败血症状，会突然死亡，临死前全身皮肤呈紫红色，天然孔流出黑色带泡沫的血液。

3. 剖检：多见于生前认为是健康的猪，但在肉品卫生检验时发现肠系膜淋巴结有 1~2 个严重肿大、形如鸡蛋、切面呈棕红色、相应的肠道中必有溃疡斑，应诊为炭疽可疑，确诊后要焚毁掉，不可他用，场地等按有关规定严格消毒。

【预防措施】 在疫区要对所有的猪接种无毒炭疽芽孢苗。

提示 ①对可疑病猪应涂片，瑞氏液染色，镜检可见有单个有荚膜、两端平直的粗大杆菌，即为阳性。②对可疑病猪禁止宰杀，要隔离、焚毁。

猪葡萄球菌病

本病是由于皮肤和黏膜外伤后感染葡萄球菌，引起局部发炎化脓并向全身扩散的传染性疾病。病原体呈圆形球状并堆积在一起，形如葡萄串状，革兰氏染色阳性。以化脓性皮炎、脂溢性皮炎、局部脓肿为特征。

【流性特点】 葡萄球菌广泛存在于自然界各个角落，包括地面、圈舍、树木、用具、农作物饲料中，所以感染的机会多。可通过皮肤与黏膜的损伤感染，蚊虫叮咬也是本病的传染方式，由于被感染局部病灶发生奇痒，猪会在木桩、墙角拭痒，又增加了本病扩散和传染的机会。

【诊断要点】

1. 仔猪葡萄球菌病，主要发生于哺乳仔猪，表现为渗出性皮炎，皮肤充血，淋巴外渗，全身被毛像涂擦过机油一样，易粘着尘埃，全身呈黑褐色，病猪焦躁不安，吮乳迟钝，最后发生败血症很快死亡。

2. 断奶后仔猪和青年猪，在体表皮肤上出现红色小结节，奇痒，擦破皮肤后流黄色液体，结节，红肿热痛，液化后成白色脓疱，脓疱破裂流出红白脓汁后结硬痂，呈黑色角质盖。

3. 若在母猪产后感染，可引起慢性化脓性子宫内膜炎，最后形成子宫蓄脓和乳房脓肿。

【预防措施】

1. 保持圈舍清洁卫生，及时用过氧乙酸喷雾消毒圈舍和猪体。

2. 圈舍内不准有铁丝、玻璃和尖锐物，防止猪体受外伤。

【治疗】

1. 病初肌内注射青霉素，内服磺胺类药物。

2. 严重时静脉注射四环素。

3. 土单方：①鲜丝瓜捣碎成泥涂患处。②老丝瓜去皮和种子 30 克、蒲公英 30 克熬水混饮，1 天 1 次，连饮 3 天。

仔猪玫瑰糠疹

本病是由真菌引起的仔猪全身性疾病。病原为小孢子菌，主要寄生在消化道和组织间，引起剧烈的病理变化，如急性消化道紊乱和体表皮肤出粉红色丘疹，主要危害断奶前后的仔猪。

【流行特点】 本病流行没有季节性，但以深秋发生最多，又以仔猪发病率最高，呈群发，发病率 80% 以上。另外当母猪奶水不足，引起仔猪营养不良，圈舍雨淋过于潮湿，可促进本病发生，病程长达月余。

【诊断要点】

1. 病初只见采食不欢，食量大减，偶尔出现干呕，黏液性拉稀，精神不好，呆立一处，不爱活动。

2. 上述症状持续 3~5 天后恢复食欲，停止拉稀，开始出现皮肤症状，全身尤其背部皮肤长出绿豆大小的结节，呈鲜红色，1~2 天后结节中央凹陷，形成棕色痂皮，而结节周围仍呈粉红色，无痒和痛感，日久形成蓝色弯曲条状斑痕。

【预防措施】 保持圈舍干燥，防止雨淋，哺乳仔猪提前开食，7 日龄就补饲糊状熟食。缓解仔猪因日龄增长而母猪乳汁供不应求，出现仔猪饥饿、营养不良的状况。

【治疗】

1. 在仔猪饮水中加 0.05% 的硫酸铜让其自饮，1 天 1 次，连饮 3 天。尤其病初在干呕、拉粪稀时给药最好。

2. 外用土槿皮酊涂擦患处。

3. 土单方：用紫草 20 克煎汁兑水让其自饮，1 天 1 次，连续 3 天。

放线菌病

本病是由林氏放线杆菌和棒状杆菌混合感染引起乳房急性脓肿的疾病。病原菌实际上是一种腐生寄生菌，常附着在干草和植物的芒刺上，革兰氏染色阴性。

【流行特点】　常发生于有垫草的母猪产房，当母猪哺乳时，仔猪牙齿咬破乳头而感染。该菌（乳房放线菌）可随组织液迁徙至其他内脏，如肺、肝、脾等脏器上，出现放线菌肿。

【诊断要点】

1. 在乳房上出现 1~2 个炎症病灶，初期局部硬肿，触之有移动性，无热无痛，肿块突出皮肤表面。

2. 经 10 多天后，肿胀中央软化，顶端皮肤变薄，触之有波动感，切开后流出小米汤样、带黄色颗粒和稀薄水样脓汁。

3. 本病是慢性型，常发生于软组织间，特别是颈下、乳腺和内脏浆膜间。

【治疗】

1. 异烟肼（雷米封）按 20 毫克/千克体重，1 天 1 次，连服 5 天。

2. 病初可用 2%碘酊注射于肿块中央。

3. 中期硬肿膨大，呈游离时，可手术切除。

4. 末期肿块软化，已溶成脓汁时，可切开排脓，并在创腔中填入碘酊纱布即可。

附　　　　　　猪李氏杆菌病确诊方法

取可疑病猪耳静脉血 1 毫升滴在健康家兔的眼结膜囊内，20 小时后若兔角膜充血肿胀流泪即为阳性。

猪破伤风确诊方法

抽取可疑病猪耳静脉血 1 毫升（加抗凝剂——枸橼酸钠）注射于健鼠腹腔内，在 20 小时后若出现全身强直性痉挛即为阳性。

五、寄生虫病

猪的寄生虫病是猪的隐性、慢性杀手，其危害相当严重。实践证明，患蛔虫病的仔猪，生长缓慢，饲料利用率比正常仔猪降低 30%～40%，生长率降低 50%，甚至死亡。患囊虫病的猪，经济损失几乎100%。同时，有些猪的寄生虫为人畜共患，还会对人的健康构成威胁。

（一）线虫病

线虫，外观呈线样，细长、圆形。寄生范围广，在消化道、呼吸道和肌肉间等都存在。

蛔 虫 病

猪蛔虫，新鲜虫体呈粉红色，稍带黄白色，死后呈白色，圆形、细长、两头尖，头部有三个呈品字形唇片。主要危害 3～5 个月的青年猪。感染率在 50% 以上。

【流行特点】主要寄生在小肠中。成虫产卵，随粪便排出体外，在外界温度和湿度适宜的情况下，蜕化 3～5 周后成为感染性虫卵。虫卵附着在地面和混杂物上，当猪采食了这些污染物后，在胃酸作用下，转化成幼虫，钻入肠壁，进入淋巴管中，随淋巴液进入血管中，随血行游进肺部，钻入肺泡进入气管内，最后随痰液经咽进入食道和胃中，在小肠中寄生发育成成虫。幼虫在猪体内移行过程中，可引起一系列病理变化，如肺炎和肠炎等变化。

【诊断要点】

1. 病初经常咳嗽，食欲减退，日渐消瘦，经常磨牙。

2. 被毛粗乱，营养不良，喜啃砖石，出现异食癖。可视黏膜苍白，便秘和腹泻交替出现。

3. 全身皮肤粗糙，甚至出现过敏性皮炎。耳根和腹下部皮肤出现丘疹。

4. 当蛔虫进入胆管，严重影响胆汁排泄，出现剧烈腹痛，甚至引起胆管破裂，出现黄疸，很快死亡。

【预防】

1. 定期对圈舍消毒，及时清除粪便。

2. 新购进仔猪应首先进行驱虫，观察两周后再合群，分舍进入正常饲养。

3. 定期对猪群进行驱虫。仔猪断奶后必须驱一次虫，母猪配种前和孕期也要进行驱虫。

【治疗】

1. 敌百虫按 0.1 克/千克体重，混入麸皮内一次喂给。

2. 胆道蛔虫可用阿司匹林内服后，接着内服驱蛔虫药。

3. 土单方：①苦楝根皮 3~15 克研末一次喂给（30 千克体重）。②蜈蚣 1~3 条，焙干为末，一次喂给。

提示 用敌百虫驱蛔虫效果确实，但要严格掌握剂量，小心中毒发生。同时拌料时饲料不得呈碱性，因为碱性可使敌百虫毒性倍增，引起中毒发生。一般服药后会流涎，稍微寒战，但不久会消失。若呕吐严重，全身抽搐，可皮下注射 0.5%阿托品 2~5 毫升即可。

肺线虫病

本病又叫猪后圆线虫病。寄生于支气管中，成虫呈丝线状，乳白色。雌虫产卵随痰经咽进入胃肠，混在粪便中排出。在外界被蚯蚓吞食。几经蜕变成为感染性幼虫。猪采食蚯蚓或污染的泥土，幼虫可移行入体液中，进入气管内寄生。以夜间或食后突然出现痉挛性咳嗽为本病特征。

【流行特点】虫卵在外界抵抗力强，可适应各种气候，能够存活6~8个月，所以农户散养猪感染的机会多。就笔者临诊所见，35千克的青年猪感染率达40%。偏僻山村散养户发病率达40%以上。

【诊断要点】

1. 病初在夜深安静时，猪群中突然出现连续性咳嗽达20余声，咳至最后会干呕一声咀嚼咽下而停止。此现象属痉挛性咳嗽，在每次喂食前也会出现同样性质的咳嗽过程。

2. 个别严重猪，表现呼吸困难，张口伸颈呼吸。食欲大减，被毛粗乱，生长缓慢，贫血，衰弱消瘦。

3. 剖检见气管中有大量丝状虫体和黏液，气管壁充血，有黏性痰液。肺膈叶有透明的气肿区。

【预防】保持圈舍干净，猪舍地面硬化，并有一定倾斜度，便于冲洗，排除粪便。

【治疗】

1. 盐酸左旋咪唑注射液5~8毫克/千克体重，一次肌内注射。

2. 噻嘧啶（抗虫灵）20毫克/千克体重一次内服。

提示　凡断奶后幼猪和青年猪，食欲正常，有时会出现严重痉挛性咳嗽者，即可诊为猪肺丝虫病，应立即进行治疗。

肾　虫　病

本病又叫猪冠尾线虫病，多寄生在肾盂及肾区周围的脂肪内，形似火柴杆，灰褐色，体壁透明，通过体壁可见虫体内脏。以后肢麻痹，体表淋巴结肿大，皮肤有红色小结节为本病特征。

【流行特点】虫卵随病猪尿液排出体外，在温暖和潮湿条件下，最易引起大流行。因虫卵不适合在高温、干燥和寒冷干燥的环境中生存，在这样的环境中，大部分会很快失去感染性而死亡。传染途径是：经发育具有感染性的虫卵，经猪的口腔和皮肤钻入猪体内，然后移行至肾脏寄生。猪舍的地面潮湿，可加速本病的传播。

【诊断要点】

1. 病猪皮肤发炎，腹下皮肤有丘疹样粗糙和红色小结节，肩前和膝前淋巴结肿大。随着病情发展，经 1~2 周后即出现减食，贫血，驱赶时四肢僵硬，拱腰，四肢聚于腹下，呈现明显后躯摇摆，多卧少站立。

2. 尿液混浊，有固态物，公、母猪性欲下降，并表现屡配不孕，种公猪阳痿。

3. 剖检见肝脏有包囊和脓肿，肝体积增大、硬化，肝脏内切面有颗粒状结节和结石小块，肾盂和肾周围有多数包囊和虫体。

【预防】

1. 隔离病猪，硬化猪舍地面，保持地面干燥。

2. 定期用生石灰撒布猪舍地面，尤其每年 3~4 月和 8~10 月肾虫卵发育阶段，更应及时用消毒药液杀灭虫卵和幼虫。

【治疗】

1. 左旋咪唑按每千克体重 7~8 毫克一次内服，隔日再重服一次。

2. 噻嘧啶 20 毫克/千克体重一次内服。

3. 也可选用 5%盐酸左旋咪唑注射液按 5~7 毫克/千克体重一次

肌内注射。

4. 土单方：石榴皮 5~10 克、苦楝树根白皮 3~5 克研末，一次拌饲（30 千克体重），连喂 3 天。

鞭 虫 病

本病又叫毛尾线虫病，因虫体寄生于盲肠内，虫体头细长而尾短粗，像鞭子样而得名。以长期顽固性腹泻，但不贫血为特征。

【流行特点】本病易感动物很多，如猪、羊、牛，人类也可感染。笔者曾见到牛、猪同舍，一头怀孕黄牛，被猪鞭虫感染，孕到中期腹泻，消瘦月余，最后内服左旋咪唑，驱出万余条黑色鞭虫而愈，月余后生一健康牛犊。主要感染断奶后仔猪和青年猪，成年猪发生较少。一年四季均有发生，但以秋末发生最多。

【诊断要点】

1. 食欲正常，持续性、顽固性腹泻，粪中混大量黏液，生长发育缓慢。

2. 腹围明显缩小，卧地时右腹下部会出现肠蠕动强盛，如连续性流水声。

3. 剖检见大结肠肠壁增厚，肠腔内有大量灰褐色 3~5 厘米长的鞭子样虫体。

【预防】禁止各种家畜混圈合养。尤其猪、羊、牛应隔离饲养。

【治疗】

1. 敌百虫，按 0.1 克/千克体重混入麸皮中一次喂给。

2. 左旋咪唑按 7.5 毫克/千克体重一次喂给。

3. 土单方：鲜苦楝根皮按 0.5 克/千克体重煎汁一次混饲（30 千克体重）。

旋毛虫病

本病是由毛形科的旋毛形线虫引起的猪的寄生虫病。成虫和幼虫寄生在同一个猪身上，成虫在肠道中，幼虫在横纹肌中。易感动物很多，如猪、犬、猫等，人也易感染。因患本病有死亡危险，所以兽医卫生检验列为重中之重。

【流行特点】传染源是病鼠、蝇蛆和壁虎以及犬、猫的尸体。传染途径是采食感染动物的尸体。旋毛虫的幼虫抵抗能力强，在肌肉中的幼虫经盐渍或烟熏不能灭活，在腐败肉里能存活 3 个月以上。所以本病的感染机会多，危害严重，一旦有本病存在，很难根除。

【诊断要点】

1. 采食鼠尸后 3~7 天出现食欲大减，呕吐和腹泻，肠蠕动音亢进，肚疼不安。1~2 天后症状减轻，恢复食欲。经 15~20 天后，即出现运动障碍，全身不灵活。

2. 体温升高至 40~41℃，寒战，四肢强直，眼睑水肿。严重时整个头部和四肢末端水肿，日渐消瘦，病程拖至 1 个月后，症状消失。

【预防】

1. 饭店泔水必须煮沸后再喂猪。

2. 猪场不可饲养犬、猫等肉食和杂食动物。

3. 要消灭鼠害，尤其猪的饲料不得有其他动物甚至蚊蝇侵扰。

4. 发现可疑病例确诊后应淘汰、焚毁或深埋。

【治疗】

1. 对种用珍贵猪可在严密隔离的情况下用噻苯达唑混饲，按 30~50 毫克/千克体重一次喂给。隔日 1 次，连喂 2 次。

2. 1%伊维菌素 0.3 毫克/千克体重，即每 33 千克体重肌内注射 1 毫升。

胃圆线虫病

胃圆线虫属于毛圆科猪圆线虫，虫体细小，呈红色，头小，虫体长 5~10 微米，寄生在胃黏膜上。以老年母猪出现食欲减退，贫血，消瘦为特征。

【流行特点】成虫排卵，随粪便排出外界，在环境不利的条件下，如寒冷、干燥、高温干燥，经过 3~4 小时即失去感染性。但在潮湿情况下，经数周可变成感染性幼虫。猪采食幼虫污染物即可感染。各年龄段猪均可感染，但以哺乳母猪最易感染（与钙缺乏有关）。传染途径是消化道。

【诊断要点】

1. 断奶后老母猪偶见呕吐，食欲大减，经常流涎。

2. 日渐消瘦，贫血，粪便干黑。

3. 精神沉郁，久不发情，会突然死亡（发生胃穿孔）。

4. 剖检见胃萎缩，胃壁增厚，有溃疡斑。

【预防】

1. 产后 7 日开始，补饲仔猪，促进仔猪提早开食，减轻母猪负担，对哺乳母猪给全价营养饲料，尤其要补充钙质。

2. 及时清除圈舍粪便并消毒，保持地面干净、干燥，防止虫卵孵化。

【治疗】

1. 阿苯达唑按 15~30 毫克/千克体重一次内服。

2. 5%盐酸左旋咪唑注射液按 6 毫克/千克体重一次皮下注射。

3. 左旋咪唑 7.5 毫克/千克体重一次内服。

4. 土单方：苦楝根皮 15 克、干燥南瓜子 60 克共研拌饲，一次喂给，隔日再喂一次。

仔猪类圆线虫病

本病又叫兰氏类圆线虫病。寄生于哺乳仔猪小肠黏膜中。虫体细小，乳白色，体长 3~4 毫米，口腔小，有两片唇，头部膨大。以皮肤出现湿疹性皮炎，咳嗽，体温升高为特征。

【流行特点】

哺乳仔猪在哺乳时，从被虫卵污染的乳头而感染。感染性幼虫也可从潮湿地面经过仔猪皮肤感染。因为虫卵可在潮湿的环境中存活达 2 个月。相反，如圈舍干燥虫卵会在 1~2 天内失去活性。

【诊断要点】

1. 多发生于夏季多雨季节，以哺乳仔猪和刚断奶仔猪感染最多。

2. 病初，感染后不久出现咳嗽，体温升高，流浆液性鼻涕，哺乳不欢，拉黏液性带血粪便，皮肤出现湿疹。

3. 呕吐，呕吐物有奶块，消瘦，腹部紧缩，贫血，行走摇摆。

4. 剖检见小肠黏膜上附有粉白虫体，十二指肠松弛扩张，内含有白色黏液和虫体。

【预防】 保持仔猪舍干燥，每周用石灰粉撒布一次。

【治疗】

1. 哺乳仔猪用甲紫 0.1 克加水 20 毫升一次内服，有效。

2. 断奶后仔猪可用噻嘧啶 20 毫克/千克体重，混入麸皮中一次喂给。

3. 也可用左旋咪唑片按 7 毫克/千克体重，一次内服，隔日再服一次。

4. 土单方：鲜苦楝根皮 1~2 克，一次水煎内服，隔日再服一次，适合断奶后仔猪。

猪食道口线虫病

本病又叫结节虫病，病原为食道口线虫，寄生在结肠内，口囊呈筒形，长 15 厘米，在大结肠固有黏膜深处形成结节，以持续腹泻，边吃边拉，日渐消瘦为特征。

【流行特点】有明显的季节性，多在早春和晚秋流行。传染途径主要是经消化道。寄生部位在大结肠的肠壁和肠黏膜腔中。

【诊断要点】

1. 食欲正常，顽固性腹泻，粪便含大量黏液，有时有少量血丝。病程长，达 20 天以上。

2. 急性期过后转为慢性（30 天以后）。减食消瘦，便秘与腹泻交替出现，头部水肿。

3. 剖检：大结肠黏膜下形成散在性结节（幼虫），结节周围充血，结节顶端透明，肠壁增厚。

【预防】

1. 按易发生季节及时驱虫。

2. 清理好粪便，最好堆集密封，使其产热发酵无害化处理。

【治疗】

1. 敌百虫按 0.1 克/千克体重混入麸皮中一次喂给。

2. 1% 伊维菌素按 0.03 毫升/千克体重一次肌内注射。

3. 噻嘧啶以 20 毫克/千克体重一次内服。

猪伪裸头绦虫病

本病是克氏伪裸头绦虫寄生在猪小肠内的寄生虫病。猪是终末宿主，中间宿主是地螨。克氏伪裸头绦虫头膨大呈球形，无钩，有 4 个吸盘，颈纤细不分节，虫体灰白扁平，不分节，体长 1~1.5 米，宽 5~6 毫米。以食欲不规则，时好时坏，周期性腹泻为本病特征。

【流行特点】成虫寄生在猪的小肠中，当虫体成熟体节即脱落，随粪便排出体外，在潮湿环境中几经分化，成为侵袭性幼虫，在地螨体内越冬。到来年春天，囊尾蚴脱离地螨，附在野草上，当猪吃了野草后即被感染。据笔者观察，当时是春天，仔猪放牧过，因吃了被幼虫污染的野草而感染。到夏季被感染的猪出现腹泻时，排出虫体。虫体呈白色面条样，长度为50~100厘米，且仍有蠕动能力。

【诊断要点】

1. 感染初期，虫体个体小时，对猪无大影响，随着虫体发育，可表现食欲时好时坏，但不贫血，不瘦弱，未见有水肿的表现。

2. 唯一症状是间歇性腹泻，腹泻后期2~3天后排出虫体，腹泻停止。

【预防】

1. 对全群猪进行驱虫。

2. 对疫区，防止猪采食野草和野菜。

【治疗】

1. 1%硫酸铜50~100毫升，一次内服。

2. 吡喹酮50毫克/千克体重一次内服，连服3天。

3. 丙硫苯咪唑按20毫克/千克体重一次内服。

华支睾吸虫病

本病俗称猪肝片吸虫。虫体寄生于猪胆管和胆囊内。虫体扁平，呈柳树叶状，全身透明，长10~20毫米，宽2~5毫米。以腹水、黄疸为本病特征。

【流行特点】本病的易感动物主要是猪、犬、猫。人也可感染。中间宿主主要是淡水螺和鱼虾。传染途径是采食生的或活的螺和鱼虾。以喂饲饭店泔水经消化道感染。猪的感染率在50%以上。

【诊断要点】

1. 感染后可机械地刺激胆管和胆囊，出现胆管堵塞、胆管炎。还能分泌毒素，引起溶血性黄疸。

2. 严重时，引起消化功能紊乱，食欲大减，经常腹泻，日渐消瘦，贫血，黄疸。

3. 皮肤松软及毛少处水肿，眼、颌下水肿最为明显。

4. 剖检见胆管和胆囊中有虫体，胆管变粗而管腔变细。

【预防】

1. 禁止猪吃生的鱼虾及饭店泔水（未经煮沸消毒），河边、水塘边的水草。

2. 及时灭螺，根除传染源。

【治疗】

1. 阿苯达唑按 20 毫克/千克体重一次内服。

2. 吡喹酮按 50 毫克/千克体重一次内服。

3. 贯众、苦楝皮、蜂蜜各 2 克/千克体重，煎汁服。

4. 土单方：芹菜根 200 克、白糖 30 克煎汁一次内服。

姜片血吸虫病

本病是因布氏姜片吸虫寄生于猪的小肠内而致。易感动物有猫、犬、兔。新鲜虫体呈肉红色，形似斜切的姜片而得名。以贫血消瘦，生长缓慢为特征。中间宿主是蜗牛。猪采食河草最易感染。终末宿主是猪。

【流行特点】 本病的传染媒介主要是河草，尤其水塘的水生植物。传染途径是采食水草通过消化道感染。有季节性，最易感染是 4~6 月份。在猪场周围挖塘，积存粪水，又利用塘水养水草，用水草来做青饲料喂猪，这是姜片吸虫流行的根本原因。姜片吸虫是雌雄同体，一条成虫可在猪肠内存活一年以上。

【诊断要点】

1. 本病主要危害 4~6 个月的青年猪。

2. 当虫体大量寄生时，病猪表现食欲下降，消瘦，营养不良，被毛粗乱，生长缓慢，精神沉郁，贫血，可视黏膜黄染。

3. 严重时还会引起寄生虫性肠堵塞，出现急腹症，疼痛不安，甚至出现肠管破裂而很快死亡。

4. 剖检见在小肠内有红色片状虫体，而且小肠黏膜充血、浮肿，肠壁增厚。

【预防】

1. 管好人畜粪便，以高温发酵堆积处理为妥。

2. 尽量不用河草和池塘水草喂猪。

3. 消灭和清除蜗牛。

提示　血液检验时，本病的特殊变化是嗜酸性粒细胞增多，而嗜中性粒细胞减少，可助诊断。

【治疗】

1. 阿苯达唑 20 毫克/千克体重一次内服。

2. 敌百虫按 0.1 克/千克体重混饲或灌服，最多不超过 7 克。若发现严重中毒，可用硫酸阿托品解之。

3. 土单方：大白 30 克、木香 3 克煎汁，早上空腹一次服（40 千克体重猪用量）。

细颈囊尾蚴病

本病是由肉食动物的体内绦虫（犬）的幼虫，寄生于猪的内脏浆膜上的疾病。在屠宰猪时发现，内脏表面生长许多大小不一如鸡蛋样白色薄膜样水铃子泡囊，液体透明，颈细处有白点即虫头。以病猪腹部异常膨大（如怀孕样）和生长缓慢为特征。

【流行特点】　细颈囊尾蚴的成虫寄生在犬、狐等的小肠中，所产的卵随粪便排出在路边杂草中，猪采食这种被粪便污染的杂草而感染。虫卵经猪胃肠吸收移行于浆膜上，生长成水铃泡。屠宰时，人们把水铃泡剔下丢在地上被犬采食后，即被感染成泡状带绦虫。

【诊断要点】

1. 本病感染率最高的是断奶后的仔猪和青年猪。表现为腹部日渐膨大，腹水剧增，消瘦。

2. 食欲渐减，精神萎靡，瘦弱，生长缓慢，有时呕吐，尿液混浊，被毛粗乱，黑眼圈。

3. 剖检：肝硬变，在实质内有孔道。孔道呈暗红色弯曲（幼虫移行所致），肠系膜及脏器表面附有白色塑料薄膜样充满透明液体样子的水铃子。

【预防】

1. 禁止犬入猪舍，不用路边草特别是农村十字路口交叉处的野草喂猪（犬最易在此处排便）。

2. 勿用猪屠宰废弃物喂犬。

【治疗】

1. 吡喹酮按 60~70 毫克/千克体重一次内服，一周后再服一次。

2. 5%灭蠕王注射液按 5 毫克/千克体重一次肌内注射。

提示　屠宰前 15 天不得应用以上疗法，否则，人食用其肉后会有药害影响，尤其对儿童影响最大。

棘球蚴病

本病是由肉食动物小肠中的棘球绦虫的幼虫寄生于猪肝、肺内的棘球蚴病。棘球蚴呈一圆形泡球，小的如豆，大的如乒乓球，泡内含黄色透明液体。本病特征是咳嗽、下痢和呼吸困难。

【流行特点】本病流行广泛。凡有养犬、猪、羊，尤其是绵羊，都有 40%的感染率。该病虫卵可在外界存活时间长，在 0℃可存活 3~

4 个月，在夏季也可存活几星期。中间宿主猪感染的机会多。终末宿主犬、猫也容易吃到病死猪的内脏。犬、猫在猪舍和饲料仓库出入是猪感染本病的根源。

【诊断要点】

1. 肝脏感染严重时，表现肝区浊音区扩大，腹右侧膨大明显，食欲大减，消瘦，黄疸，经常拉稀，粪呈灰白色。

2. 肺感染严重时，呼吸规律紊乱，出现疼痛性咳嗽，稍有运动（如驱赶），会出现张口伸舌，呼吸困难。

3. 剖检见肝、肺表面有棘球蚴寄生。寄生部位周围黑红色，中央呈白色薄膜，凸出肝、肺表面。若小心分离可取出包囊，肝脏留有凹坑，呈暗红色创缘。

【预防】

1. 禁止犬、猫进入猪舍，尤其防止乱扔动物尸体，要及时清除并消毒深埋。

2. 加强对犬、猫管理并及时进行驱虫。

【治疗】

1. 吡喹酮按 50 毫克/千克体重一次内服，一周后重服一次。

2. 阿苯达唑按 15~20 毫克/千克体重，一次内服，连服 3 天，1 天服 1 次。

猪囊尾蚴病

本病又叫猪囊虫病，俗称"米心猪"。是人的有钩绦虫的幼虫寄生在猪的横纹肌肉中的疾病。以咬肌、深腰肌、舌肌寄生最多。虫体呈圆形，如黄豆大，外观呈半透明囊包，包内充满液体。囊内壁有一小米样白点即虫头。病猪外观特征是头大肩宽，屁股尖，叫声嘶哑。

【流行特点】猪囊虫的终末宿主是人，中间宿主是猪。人吃了有囊虫的猪肉，患上有钩绦虫病（成虫），猪吃了患有钩绦虫病的人的粪便感染上猪囊虫病（幼虫）。这个生物链之间相互促进，又相互制约，只要将其中间隔开一段，连接不起来，人和猪就都不会受害。

【诊断要点】

1. 患猪表现生长缓慢，营养失调，肌肉疼痛，跛行，贫血。

2. 体形改变，前半身（腰前部）肿大，而后半身尖小，叫声不正常。

3. 手触摸舌体下部有颗粒状硬物（虫体）。

4. 剖检见横纹肌间有白色虫囊。

【预防】

1. 切断传染源，人不吃囊虫猪肉，及时驱除人有钩绦虫，人厕所和猪舍分开。肉检严格把关，彻底焚毁病猪肉。

【治疗】

1. 吡喹酮按 50 毫克/千克体重一次口服，连服 3 天。

2. 阿苯达唑 60 毫克/千克体重与无菌豆油配成 4%悬液分点深部肌内注射。

疥 螨 病

本病又叫疥疮，病原是疥螨。由于虫体在皮肤里寄生，使皮肤变性，很快皮肤硬化，严重破坏了机体的体外屏障，引起一系列病理变化。螨虫灰白色，外形像蜘蛛，但个体很小，如针尖大小，肉眼很难看到。本病特征是局部皮肤增厚，产生大量皮屑，出现奇痒，日渐消瘦。

【流行特点】接触感染，多发生在寒冷季节，呈群发性，传染很快。猪舍不消毒，粪便不及时清除而且潮湿，可加速本病感染和危害程度。若猪舍干燥，舍内无杂物，圈内猪密度小，发病率就低，症状就轻微。同时，本病的发生与猪的营养和膘情成反比。即营养差，消瘦，发病率就高，危害就严重；反之，营养良好，膘情好，发病少，危害就轻微。

【诊断要点】病变在头部、耳朵、颈部，皮肤发痒，猪常在墙角处摩擦患部，甚至将被毛磨掉，露出充血潮红的皮肤。以后皮肤增厚，形成灰色痂皮，并且患处向外扩张蔓延。日后皮肤变硬，形成皱褶。

病猪只顾蹭痒，采食大减，日渐消瘦，高度贫血，最后衰竭而死亡。

【预防】

1. 新进猪（购回）应隔离观察，一周后未见可疑，方可合群进舍。

2. 猪舍禁止外来动物进入，包括其他家畜、家禽、老鼠、猫、犬，以防带进病原。

【治疗】

1. 1%伊维菌素，按 0.03 毫升/千克体重一次肌内注射，即每 33 千克体重注射 1 毫升，一周后减量再注射一次。

2. 菌毒净 0.2 克，加水 1000 毫升，涂擦患部。

3. 土单方：①蜈蚣 1~2 条焙干，研末混饲，隔日一次，连喂 3 天。②黄瓜秧 1 份、水 20 份，熬水洗患部。③石灰 300 克、硫黄 200 克研末，加黄油 1000 克，调膏涂抹患处。

提示 对本病的确诊，还必须在皮肤病变处与健康皮肤交界处刮取火柴头大的一块皮屑，放在黑牛皮纸上，在纸下边对准皮屑下部用火烟熏烤，可在病料周围看到有许多针尖大小的白点跑出皮屑向四周扩散，即可确诊。

蠕形螨病

本病又叫毛囊炎，是寄生于皮脂腺内引起化脓的皮肤螨虫病。虫体细长，且分头胸部和腹部。胸部有 4 对短足，腹部有环形横纹，全身呈乳白色。本病特征是在耳根部、眼圈部的毛囊内出现脓疱，使局部皮肤增厚呈紫红色。

【流行特点】本病传染源为患病动物。传染途径是在皮肤松软处直接接触感染。主要以断奶后仔猪发病率最高，成年猪少见，带仔母猪的乳房上偶有见到。

【诊断要点】

1. 耳根部皮肤脱毛，皮肤增厚、粗糙并且充血潮红，有鳞状皮屑。严重时患部皮肤呈黑红色，形成脓疮。

2. 腹下部皮肤上出现片状、砂粒状小结节，以后形成白色脓疱。

【预防】发现猪耳根红肿、有小结节，应立即隔离，防止感染其他猪。

【治疗】

1. 1%伊维菌素，0.03毫升/千克体重，一次肌内注射。

2. 土单方：①毛白杨树皮 300 克，浸入 1000 毫升水中泡 3 天，涂擦患部，一次即可。②硫黄 100 克、狼毒 300 克、花椒 100 克共研末，植物油调膏状涂拭患部及周围。

猪　虱

猪虱为无翅目昆虫，体扁平，呈灰黑色，不完全变态。终生发育在同一宿主身上，由卵变成若虫，若虫和成虫对宿主有专一选择性。若虫和成虫都吸食宿主的淋巴和血液为生，离开宿主会在 1~10 天内死亡。以患部奇痒和营养不良为特征。

【流行特点】各种年龄的猪都易感染，但以母猪感染率最高。没有季节性，但以冬季感染率最高。因为冬季猪毛密集，且有大量绒毛，皮肤湿度增高，有利于虱的附着和繁殖、产卵。到了夏季则相反，所以夏季猪虱较少。

【诊断要点】

1. 易寄生部位常在耳根和四肢内侧不易被摩擦处。

2. 在寄生部位皮肤上有出血点，出现奇痒，皮肤易拭伤，感染化脓菌。

【预防】经常检查猪有无猪虱和卵，特别是从外边新购入的猪更应仔细检查，一旦发现猪虱寄生，应及时进行治疗。

【治疗】

1. 0.5%~1%敌百虫喷洒患部，每周一次。

2. 土单方：苦楝根皮 500 克，加水 1000 毫升浸泡 3 天给猪洗浴全身，1 天 1 次，2 次即可。

3. 保泰松按 3 毫克/千克体重一次内服，因本药可促进尿酸经皮肤排出而有杀虫作用。

4. 侧柏树叶（新鲜）2 千克加水煮沸 1 小时后去渣，用该水洗刷猪全身，或浸泡洗浴全身。

（二）原虫病

仔猪球虫病

本病是由艾美耳球虫寄生于猪小肠壁上引起的常见病。感染率极高，几乎所有养猪场和农村散养户均有发生，感染率达 80% 以上，发病率 100%。以腹泻拉黄绿色或灰色糊状粪便（无血便），呈慢性经过，死亡率低为特征。

【流行特点】主要危害 7~40 日龄的幼猪，成年猪为病原携带者，呈隐性感染无症状，一年四季都有发生，集约化养猪大场及分散养猪户均有流行。繁殖母猪为带虫者。传播媒介是猪舍地面、粪尿及污染物。传染途径是消化道。呈慢性流行，成群发生。

【诊断要点】

1. 断奶前后幼猪出现传染性、群发性腹泻，粪便黏稠，含有大量黏液。病初拉黄绿色稀便，随后变成灰色、糊状。

2. 尽管腹泻，但几乎不影响食欲，甚至哺乳和采食如常，有时便秘与腹泻交替出现。

3. 常见尾和肛门周围沾满黄色稀便，尽管严重腹泻，但从未拉出黑色及棕红色粪便。

4. 呈慢性经过，日渐消瘦，被毛粗乱无光。

5. 剖检见小肠黏膜出现散在性灰色附着物，肠壁增厚，肝脏表面有针尖状散在性小白点。

【预防】

1. 严格定期消毒产房及乳猪舍，及时清除圈舍，尤其地面和粪尿、垫草。

2. 在乳猪饲料中，每100千克饲料添加盐酸土霉素6克。

【治疗】

1. 50%蜂蜜水溶液中加入磺胺脒，趁乳猪吮乳时，涂擦乳头，每天涂擦2~3次，连涂擦2天即可。

2. 断奶后仔猪可用磺胺脒1~3克/（头·次）灌服或拌料，1天1次，连服3天。

结肠小袋虫病

本病是由小袋虫科的结肠小袋虫寄生在猪结肠内引起的顽固性下痢。主要危害2~3个月龄的猪，以长期水样腹泻和肌肉发抖为特征。

【流行特点】包囊随病猪粪便排出体外，附着在圈舍地面及污染物上，被猪吞食后感染。每当仔猪断奶后合群配圈、引进猪只时造成该病广为传播。

【诊断要点】

1. 有明显季节性，多在每年夏末秋初时期流行。

2. 主要感染断奶后仔猪，哺乳猪和成年猪很少见到。

3. 病初拉稀便，随后变成水泻（水粪分离），有时粪上带有血丝，食欲变化不大，边吃边拉，生长缓慢，毛焦吊肷，常发生局部肌肉震颤。

4. 剖检见结肠和直肠黏膜上有红色溃疡面。

【预防】 在断奶后的仔猪饲料中添加磺胺林，其浓度是 $200×10^{-6}$，连喂 5 天，停药 10 天，反复进行。

【治疗】 左旋咪唑按 8 毫克/千克体重，一次内服，1 天 1 次，连服 3 天。

提示 ①本病为人畜共患病，人被感染后的症状是长期顽固性腹泻，而且是引起结肠癌的主要原因。饲养人员进出饲养室要更换衣服，注意勤洗手，尤其吃饭前洗手更重要。

②要确诊该病还须做粪便检查，方法是：每天早晨取直肠粪便少许，放在载玻片上滴加 1~2 滴生理盐水，搅拌后除去粪块，盖上盖玻片，低倍镜观察，看到会运动的虫体即为阳性。

隐孢子虫病

隐孢子虫是广泛存在的人畜共患寄生虫病。属水源性传染病，易感性极强，几乎所有家畜均可感染。以顽固性腹泻和瘦弱，死亡率高为特征。

【流行特点】 多为群发性，1 月龄的仔猪发病率最高，随着年龄增大，发病率逐渐下降。成年猪呈隐性感染。

【诊断要点】

1. 有明显季节性，主要在冬季流行。

2. 病初不影响哺乳和采食，边吃边拉稀，拉黄绿色稀粪水，污染肛门和后肢，肛门红肿，有的猪还会出现脱肛。

3. 严重时消瘦虚弱，食欲废绝，眼窝下陷，很快死亡。

【治疗】

1. 螺旋霉素按 20~30 毫克/千克体重一次内服，1 天 2 次，连服 3 天。

2. 新诺明按 0.1 克/千克体重一次内服，1 天 1 次，连服 3 天

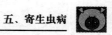

（次日剂量减半）。

常用驱虫药（中等剂量，指50千克体重）

药名	规格	剂型	用法	用量	主治	停药期	备注
南瓜子	新种子	研碎	内服	40~100克	绦虫、蛔虫	无	
使君子	干燥籽	研末	内服	9~15克	蛔虫	无	
槟榔	干燥品	片剂	内服	10~50克	绦虫、姜片虫	无	
雷丸	干燥品	片剂	内服	6~12克	胃虫	无	
鹤虱	干燥品	片剂	内服	5~10克	胃肠寄生虫	无	
贯众	干燥品	片剂	内服	10~15克	蛔虫、绦虫、肝片吸虫	无	
石榴皮	干燥品	粉末	内服	10~20克	绦虫	无	
苦楝皮	干燥品	粉末	内服	9~15克	蛔虫	无	
除虫菊	干燥品	粉末	撒布	适量	虱、疥癣、蠕形螨	无	
鱼藤	干燥品	油浸	涂擦	适量	虱、疥癣、蠕形螨	无	
百部	干燥品	粉末	酒浸	喷洒	虱、疥癣、蠕形螨	无	
阿苯达唑	25毫克	片剂	内服	15~20毫克/（千克体重·次）	线虫、绦虫	30天	
左旋咪唑	5%5毫升/支	针剂	皮下注射	5毫克/（千克体重·次）	肺丝虫、肾虫、蛔虫	28天	中毒后可用阿托品解
伊维菌素	1%5毫升/支	针剂	皮下注射	0.03毫升/（千克体重·次）	体内、外寄生虫	30天	10天后方可二次注射
敌百虫	0.5片	片剂	内服	0.08~0.1毫克/（千克体重·次）	胃肠线虫、姜片虫	10天	
吡喹酮	0.1克	片剂	内服	40~60毫克/（千克体重·次）	囊虫、刺球蚴、细颈囊尾蚴	30天	
噻嘧啶（抗虫灵）	0.1克	粉、片	内服	20毫克/（千克体重·次）	肺线虫、仔猪类圆线虫、肾虫	30天	

六、中毒性病

食盐中毒

本来氯化钠是体内不可缺少的天然盐,但过量长期饲喂,也会引起中毒性伤害。尤其利用饭店泔水、剩饭菜、咸鱼汤等,常见出现急性或慢性食盐中毒。其中断奶后仔猪和青年猪更易发生急、慢性食盐中毒。

【中毒机制】当猪在饥饿时,突然采食大量剩饭菜或泔水、咸鱼、咸菜、酱菜汤,又缺乏足够饮水的情况下,大量氯化钠被吸收进入血液中,引起高氯化钠血症,血液浓缩,血压升高,加重心、肺负担,出现脑水肿、严重血液循环障碍、神经紊乱,危及生命。

【诊断要点】

1. 病初,兴奋不安,转圈运动,全身抽搐,凹腰奔跑,口吐白沫,呈癫痫样发作。

2. 全身皮肤先充血、发红,后逐渐变成苍白,而鼻、耳呈乌紫色,瞳孔散大,流涎,视力障碍。

3. 后期挣扎鸣叫,伸舌,体温下降,耳静脉血黏稠,呈酱油色。

4. 剖检见血液凝固不良,血呈酱油色,心肌苍白,肝脏肿大,大脑充血、水肿。

【预防】

1. 20 千克体重以下的仔猪禁止喂食堂剩饭菜和饭店泔水。

2. 青年猪若用食堂的泔水时，一定要煮沸消毒后再加半量清水稀释，混合其他饲料搭配着喂，不可全日量纯喂泔水。

【治疗】

1. 发现采食食盐过多时，立即用 1%硫酸铜 50~100 毫升灌服催吐。

2. 静脉注射 5%葡萄糖 500~1000 毫升，维生素 C 2~5 毫升，混合静脉注射。

3. 肌内注射樟脑针剂 5 毫升。

4. 肌内注射葡萄糖酸钙 20 毫升。

5. 针灸：放耳尖血。

6. 土单方：①15℃清水灌肠或让其自饮。②茶叶 10 克、葛根 60 克加水 3 千克煮汁 1000 毫升，一次内服。③食醋、白酒各 100 毫升，一次灌服。

亚硝酸盐中毒

含亚硝酸盐最多的是菜类，尤其是白菜，特别是腐烂的白菜。所有青绿饲料不合理加工煮熟也能产生大量亚硝酸盐。猪一次采食过量均易引起中毒。以皮肤先苍白后变紫色为本病的特征。

【中毒机制】各种蔬菜均含有硝酸盐，这些菜类在加工蒸煮过程中，能使硝酸盐含量提高。尤其趁半生不熟时热闷在锅内，更加速了亚硝酸盐的合成和蓄积，使其变成剧毒。菜类腐烂也能产毒，猪吃后能和血红蛋白结合，使体内氧代谢障碍，出现内呼吸障碍缺氧而窒息死亡。

【诊断要点】

1. 猪常在饱食后 10~20 分钟很快发病，口腔大量流涎，呕吐。

呕吐物有难闻的怪味。

2. 全身皮肤苍白，20~30分钟由苍白变为蓝紫色，腹围增大。

3. 四肢末端、耳部凉感，体温下降，倒地窒息而死。

4. 剖检见血液呈酱油色，凝固不良，肝、肾呈紫色，胃黏膜脱落。

【预防】凡霉烂发酵产热后的青绿变质饲料不得喂猪。白菜或其他如南瓜秧、青菜加热煮熟喂猪时，要一次性煮熟，立即敞开锅盖使其很快冷却或加入凉水充分搅拌即可。严禁热闷产毒。

【治疗】

1. 用1%亚甲蓝注射液按0.2毫升/千克体重一次静脉注射，或腹腔注射，也可肌内注射。

2. 针灸：放耳尖、天门、尾尖血。

3. 土单方：①蓝墨水皮下注射5~10毫升。②内服藿香正气水1~3支。③酸菜水300~400毫升，一次内服。

棉籽饼中毒

棉籽饼内含有毒素叫"棉籽酚"。猪长期过量食后，会发生急性和蓄积性慢性中毒。中毒后的症状是视力障碍，肾结石和尿闭。

【中毒机制】该病毒能引起肝功能下降，新陈代谢紊乱，胃肠功能出现消化吸收障碍，尤其对维生素A的吸收和利用受阻。表现视力、肾脏病变，如肾发生结石，尿排出困难。

【诊断要点】

1. 中毒初期食欲下降，拉灰白色稀便，视力障碍，尿呈滴状。

2. 严重时，可视黏膜黄染，便秘，排尿困难，尿中带血，昏迷，全身发抖，耳、尾皮肤呈紫色，全身皮薄毛少处如眼皮、阴囊、乳房处水肿。

3. 剖检见肾、膀胱内有结石，黏膜有出血点，胸、腹腔积液，肠道充血，有炎症变化，肠腔内积有干粪球。

【预防】用棉籽饼做饲料，不得超过日量的 30%，尤其仔猪和孕母猪要禁止饲喂。

【治疗】

1. 5%小苏打水内服或灌肠。

2. 内服硫酸镁 25~50 克。静脉注射 50%葡萄糖 50 毫升。

3. 氯化钾 1~2 克、苏打 5~10 克，一次内服，1 天 2 次。

4. 土单方：大蒜 60 克、香油 100 克混合捣碎，加水一次灌服（适合慢性中毒）。

提示　棉籽饼脱毒方法：将棉籽饼加水煮至 80℃后浸泡 6 个小时，再加入 2%生石灰碱化 24 小时后即可喂猪。

油菜籽饼中毒

本品可做猪的蛋白饲料，但是不经脱毒也不能用来喂猪，因为菜籽饼内含有芥子苷的毒质，猪吃后会中毒。中毒后症状是：尿血，咳嗽和发喘。

【中毒机制】芥子苷在胃肠中分解成剧毒的芥子酯，强烈刺激内脏上皮组织，出现急性卡他性炎症，使各脏器生理功能紊乱，尤其肾脏和呼吸器官受害最重。

【诊断要点】

1. 急性中毒多见于育肥猪，表现精神沉郁，卧地不动，剧烈咳嗽，鼻孔流血。

2. 食欲废绝，腹围增大，粪便稀薄并且带血。

3. 排尿困难，拱腰下蹲用力努责，粪呈黑豆水样。

4. 剖检见尸僵不全，呈柔软状，腹部膨大，全身皮肤呈青紫色，肝肿大呈黑色、质脆，肺气肿。

【预防】未脱毒的油菜籽饼不得喂猪。

【治疗】

1. 10%葡萄糖 100 毫升，新过氧化氢（无菌的）5 毫升、维生素 C 10 毫升，一次静脉注射。

2. 同时肌内注射安钠咖 5~10 毫升。

3. 5%硫代硫酸钠 20~30 毫升、维生素 C 5 毫升，一次静脉注射。

4. 土单方：灌服牛奶 500 毫升。

提示　菜籽饼脱毒方法：将饼粉碎，用温水浸泡 12 小时，倒去浸泡的水，再加水煮 1 小时，边煮边搅拌，使毒气挥发掉。喂量不得超过日量的 20%。

亚麻籽饼中毒

亚麻是一年生油料作物，其种子榨油后的油饼可做蛋白质饲料，但长期大量喂猪，尤其单纯饲喂或和其他饲料搭配不当，常发生中毒现象。

【中毒机制】 亚麻籽饼中含有氰基亚麻苷，这种物质在水解酶的作用下可转化为剧毒的氢氰酸，引起机体呼吸和血管运动中枢麻痹。氢氰酸还能和血液中的铁离子结合，使氧化酶失去活性，从而引起机体内呼吸（氧交换）严重障碍，血氧不能进入组织间，出现静脉血呈鲜红色。所以，亚麻籽饼中毒后猪的皮肤呈红色。

【诊断要点】

1. 首先出现呼吸极度困难，张口伸舌，口吐白沫，全身寒战，犬坐姿势。

2. 心跳加快，耳、鼻端呈紫红色，其他处皮肤（背部）呈大红色。

3. 有神经症状，瞳孔散大，角弓反张。

4. 剖检见肺肿大，胸腔、腹腔有大量红色液体，心肌松弛扩张，皮下有红色出血点，血液鲜红色不凝固。

【预防】 亚麻籽饼做饲料必须脱毒后再进行饲喂。

【治疗】

1. 1%亚甲蓝注射液按0.2毫升/千克体重一次静脉或肌内注射。

2. 土单方：绿豆100克、甘草20克，共研混饲（适合慢性病例）。

3. 针灸：血印、尾尖（小宽针刺破出血）。

提示 亚麻籽饼脱毒方法：将饼粉碎放锅内煮沸，并不停搅拌放去毒气，待冷却后再喂猪，但只能喂日总量的30%。

蓖麻籽饼中毒

蓖麻属大戟科，多年生油料农作物。蓖麻籽含油率高达60%。其茎、叶、种子含蓖麻碱和蓖麻素，是引起猪中毒的主要原因。猪吃了茎、叶、种子和榨油后的蓖麻饼，均可引起中毒。

【中毒机制】 蓖麻籽毒素经胃肠吸收后，能引起红细胞发生凝血现象，形成血栓，能够堵塞血管，尤其是毛细血管循环障碍，血压升高。其中以肠系膜血管堵塞严重，引起剧烈腹痛、血塞疝痛，出现全身性恶病质，很快死亡。

【诊断要点】

1. 急性中毒，多见于育肥猪，一次采食量多，在采食后1~2小时易发病，表现呕吐，肠鸣泄泻，起卧不安，粪、尿均带血，尿量减少，可视黏膜苍白，很快倒地死亡。

2. 慢性中毒，多见于青年猪长期饲喂蓖麻籽饼，表现食欲减退，大便干燥带血，尿量减少，呼吸迫促，眼结膜充血流泪。

3. 剖检见肠系膜充血、出血，淋巴结肿大、有出血点，心肌有散在性出血点，心室内有大量凝血块。

【治疗】

1. 选用4%碳酸氢钠溶液反复灌肠。

2. 内服硫酸钠 20~50 克。

3. 静脉注射 5%糖盐水 500 毫升、10%安钠咖 5 毫升，1 天 1 次。

4. 土单方：立即灌服白酒 50~150 毫升。

5. 针灸：放耳尖、尾尖血。

提示 蓖麻籽饼脱毒方法：将蓖麻籽饼粉碎，除去杂质装入缸中或塑料袋中，加入温水（50℃），搅拌均匀，加水量以超过饼粉表面为度，然后密封。隔绝空气情况下，经 4~5 天发酵后即可用来喂猪。

酒糟中毒

新鲜的酒糟主要含乙醇、甲醇和醛类，而久放的酒糟除了含以上物质外还会产生醋酸。采用以上酒糟喂猪，如量大、搭配不合理，就会出现中毒。表现症状为便秘，眼结膜充血，眼屎增多，厌食，黄疸和血尿。

【中毒机制】乙醇中毒表现为慢性经过，首先伤及肝脏和引起消化道紊乱。长期采食含醋酸的饲料则表现新陈代谢紊乱，体液酸碱失衡，引起呼吸和泌尿系统的生理功能紊乱，出现呼吸困难和血尿。

【诊断要点】

1. 体温升高至 40℃ 以上，顽固性消化不良，便秘与腹泻交替出现。

2. 毛焦蓬松，皮肤干燥，皮肤出现片状出血，甚至发炎坏死。

3. 孕猪很快出现流产、死胎和胎衣停滞。

4. 弓背，排尿频繁，尿少色红。

5. 剖检见肺水肿，肾肿大、质脆。

【预防】用酒糟喂猪，总量不得超过日量的 30%，并且在酒糟中加入适量石灰水以中和醋酸，也可在饲料中加入小苏打粉混饲。

【治疗】

1. 静脉注射糖盐水 500 毫升、安钠咖 5 毫升。

2. 内服小苏打 10~15 克。

3. 肌内注射樟脑水 5~10 毫升。

4. 土单方：①天花粉 15 克、葛根粉 30 克、蜂蜜 50 克、1 天 1 次，连喂 3 天。②茶叶 20 克、红糖 50 克熬水，一次混饮。

提示 用酒糟喂猪，为了防止不良的副作用，提高饲料报酬，补充适量小苏打是有效的方法。

若遇乙醇中毒，可采取硫酸镁静脉注射 15~20 毫升。

霉饲料中毒

本病系指因饲料保存不当而致受潮发霉变质，猪采食后发生急性或慢性中毒的疾病。以神经紊乱、双目失明、肌肉震颤为特征。

【中毒机制】 发霉饲料因种类不同，其菌类品种各异，常见的有寄生性腐生菌和真菌类的镰刀菌、曲霉菌、青霉菌和黑斑病菌等。这些菌所产生的有毒物质也不一样，其中以丁烯酸丙酯毒性最强，能使机体神经系统和肝脏受害，引起全身性新陈代谢紊乱，甚至危及生命。

【诊断要点】

1. 急性中毒，多见于一次采食大量发霉饲料，且又缺乏其他饲料的配合。表现突然发病，精神极度沉郁，视力下降，全身肌肉震颤，呼吸困难，连续性呕吐，口腔大量流涎，可视黏膜发绀，心跳缓慢。

2. 慢性中毒，多见于长期采食发霉饲料，如霉酒糟、霉豆腐渣等。表现食欲日渐减退，便秘与腹泻交替出现，蹄叶发炎，行走小心，背拱起，跛行，耳尖部出现干性坏死，有时还会流鼻血，甚至便血和尿血。

【预防】

1. 凡发霉变质饲料不得饲喂，尤其发霉的玉米、花生饼等。

2. 已经发生中毒的应立即更换饲料。

【治疗】

1. 10%葡萄糖300毫升、40%乌洛托品20毫升、维生素C 5毫升一次静脉注射。

2. 制霉菌素25万~100万单位一次内服。

3. 土单方：①石菖蒲、鱼腥草各50克水煎，灌服。②防风30克、甘草20克、红糖60克熬水，一次灌服。③新鲜石灰水250~500毫升，一次内服。

4. 针灸：耳尖、尾尖放血，圆利针，天门穴。

黄曲霉毒素中毒

黄曲霉毒素是一种高度致癌性物质。猪采食了被黄曲霉菌寄生后的玉米、花生饼等易引起中毒。它不但能致猪病，而且还会通过中毒的猪肉进入人体内，危害人的健康。

【中毒机制】 黄曲霉毒素被机体吸收后，影响肝脏，导致肝功能下降，肝细胞坏死、变性，免疫力下降。有资料记载黄曲霉毒素 B_1 的毒性是剧毒氰化钾的10倍，砒霜的50倍。该毒素对年幼动物最敏感，尤其是断奶后仔猪和怀孕母猪，常因慢性中毒，免疫力下降继发其他疾病而很快死亡。

【诊断要点】

1. 仔猪在采食被黄曲霉毒素污染的饲料后1~2周即呈急性发病。表现精神呆滞，食欲不振，渴欲增加，贫血，走路摇摆，后躯无力，可视黏膜黄染，阵发性痉挛。

2. 慢性中毒，多见于青年猪，表现食量下降，日渐消瘦，皮肤苍白，被毛粗乱，肘后、腹下皮肤发黄。

3. 怀孕母猪食欲不振，贫血黄疸，便秘，粪带黑血丝，眼结膜充血、流泪，超期妊娠，产死胎，泌乳停止，胎衣停滞。

【预防】 霉败饼类和发霉的玉米不能饲用。

【治疗】

1. 25％葡萄糖 100~250 毫升、维生素 C 5 毫升、樟脑磺酸钠 5 毫升，一次静脉注射。

2. 内服盐类泻剂硫酸钠 20~50 克。

3. 中草药：朱砂 10 克、黄连 10 克、郁金 10 克、黄檗 5 克、甘草 10 克，煎水混饲，1 天 1 次，连饲 3 天。

4. 土单方：绿豆、甘草、滑石适量，熬水让其自饮，连续混饮 3~5天。

黑斑病红薯中毒

本病是猪吃了黑斑病红薯引起的急性中毒。病原是囊子菌寄生于红薯上产生的一种苦味质，这种苦味质性质稳定，煮熟后不会变质。以呼吸困难、心动过速、便秘为特征。

【中毒机制】 黑斑病的苦味质被吸收进入血液后，首先使血红蛋白失去亲氧能力，出现机体内呼吸障碍，因组织间缺氧，引起心肺超负荷运转，导致肺泡弛缓失去弹性而气肿。心动过速，导致心肌扩张，最后心、肺衰竭而窒息死亡。

【诊断要点】

1. 断奶后仔猪一次采食大量黑斑病红薯后（不论生或煮熟的病薯），24 小时左右即会突然发病。口、鼻呈青紫色，呼吸困难（90~100 次/分），胃、肠蠕动音停止，四肢末端凉感，体温下降。

2. 严重时，呼吸次数减少（40~50 次/分），吭声（二次呼吸）不断，心跳（120 次/分）频速，腹式呼吸，皮肤苍白，末端皮肤（耳尖、肢端）呈紫黑色，犬坐姿势，一旦倒地即死亡。

3. 成年猪呈慢性经过，咳嗽，呼吸加快，口吐白沫，身体局部发抖，精神高度沉郁，2~3 天后恢复食欲，且在很长一段时间内表现消化不良，食欲大减，生长缓慢。

【预防】 凡有黑斑病的红薯不得喂猪，就连红薯苗和红薯母也不宜喂猪。

【治疗】

1. 皮下注射 25% 尼可刹米 1~4 毫升。

2. 10% 硫代硫酸钠 30~50 毫升，一次腹腔注射。

3. 土单方：①鸡蛋 2~5 个、白糖 50 克，一次灌服。②绿豆、甘草、二花各 100 克煎水，一次灌服。③7% 复方奎宁 5 毫升/次肌内注射。

4. 针灸：圆利针，肺俞、苏气、六脉穴。

赤霉菌中毒

本病是猪采食了被赤霉菌寄生的麦类农作物而引起的中毒性疾病。中毒特征是病猪呕吐、惊厥和孕猪流产。

【中毒机制】 赤霉菌的有毒成分主要是生物碱。受赤霉菌感染的小麦，其秸秆含毒量低，而种子外壳麦糠含毒量最高达 1%，麦粒含 0.5%，由此可见含毒量相当高。这种毒麦性质稳定，高温煮沸后仍能保持毒性不变。所以，猪采食后仍会中毒。

【诊断要点】

1. 食欲逐渐下降，粪便干燥，可视黏膜苍白，肘后和后躯皮薄毛少处皮肤呈现黄染。

2. 严重中毒者呕吐，全身肌肉抽搐，兴奋惊厥，呼吸迫促，很快死亡。

3. 孕猪会发生流产，阴唇水肿。

4. 剖检见消化道有浆液性炎症，子宫和外阴、阴道充血，心包积水，肝脏肿大、色淡，有散在灰白色斑。

【预防】 麦糠和麦壳不得做猪的粗饲料，加工小麦时的淘麦水不得让猪饮用。

【治疗】

1. 内服植物油 20~30 毫升。

2. 盐酸氯丙嗪 1~2 毫升，一次肌内注射。

3. 土单方：绿豆 10~30 克、甘草 10 克、滑石 30 克加水煮沸后取汁 500 毫升，一次灌服。

<h2 style="text-align:center">麦角中毒</h2>

麦角菌是寄生在麦穗上的一种真菌。当小麦、大麦抽穗时，适逢阴雨连绵，外界气温增高，气温适合时，麦类易发生麦角病。猪吃了含麦角菌体的麦子后发生中毒。中毒特征是兴奋不安，孕猪流产，耳尖坏死。

【中毒机制】 麦角菌的有毒物质是麦角碱即麦角胺。它们的主要作用是引起大脑高度兴奋，全身抽搐，末梢血管痉挛，甚至堵塞，子宫强烈收缩。

【诊断要点】

1. 当猪采食了含麦角菌的麦糠（麦壳）、麦灰、淘麦水后 1~2 天即可出现中毒症状，心跳频速，而且心律不齐，出现心跳突然停止（间歇期长），眩晕，休克样，片刻又恢复正常。兴奋和昏迷交替出现。

2. 口流黏涎，有时呕吐和腹泻。

3. 慢性中毒时，耳尖、蹄冠出现干性坏死，甚至脱落，行走困难。

【预防】 凡染麦角菌的小麦的麦壳、余子麦（穿布衫带壳麦）不得喂猪。

【治疗】

1. 立即更换饲料，不得用麦糠做猪的粗饲料，内服木炭粉 5~6 克。

2. 肌内注射樟脑水 5～10 毫升。

3. 水合氯醛 5～10 克一次灌入直肠内。

4. 土单方：石榴皮 5～10 克一次灌服。

鱼类泔水中毒

猪长期采食饭店的鱼类下脚料，特别是鱼类的内脏，会出现慢性中毒，以头颈水肿，全身脂肪呈杏黄色——黄膘猪，行走摇摆为本病特征。

【中毒机制】猪长期吃鱼的内脏，产生蓄积性中毒，除了危害肝脏的生理功能外，还可引起胆质酸代谢紊乱，使大量胆红素沉积在脂肪中，导致全身脂肪呈杏黄色，但不影响食欲。

【诊断要点】

1. 生前诊断的依据是：长期饲喂饭店的鱼的下脚料。

2. 在猪的食欲与食量没有大的变化的情况下，若猪头部和颈部膨大、叫声嘶哑、可视黏膜黄染，即为疑似病例。

3. 渴欲增加，全身僵硬，四肢不灵活，行走摇摆，对外界声光反应迟钝。

4. 剖检：只有在屠宰场和死后肉品检验时发现全身脂肪呈杏黄色。

【预防】禁止猪长期采食生鱼和鱼内脏。

【治疗】选用中草药紫苏、甘草，按所需剂量混饲（每千克体重 1 克）。

尸胺中毒

饭店泔水中混杂的肉类及外界动物的尸体（尤其是腐败后），猪吃了往往会出现急性群发性中毒。以体温突然升高，连续呕吐，后肢麻痹为特征。

【中毒机制】当肉类腐败时蛋白质分解产生出剧毒质——尸胺。该毒质性质稳定，煮沸后仍不会分解。虽经每年宣传告诫，但历年夏季总有该病发生。尸胺是一种神经毒素，中毒后使神经中枢呈麻痹状态，如知觉消失、全身肌肉松弛无力，包括心、肺功能下降，所以中毒后死亡最快，死亡率也高。

【诊断要点】

1. 体温突然升高至 40~41℃，呕吐，精神沉郁，水样腹泻，呈灰白色粪便，恶臭，气味难闻。

2. 全身软弱无力，知觉消失，针刺皮肤无反应，视力障碍，呼吸微弱，全身皮肤呈暗灰色，腹下和四肢内侧呈紫红色。

3. 全身瘫痪，站立困难，最后衰弱死亡。

【预防】在夏季应尽量控制饭店泔水的喂量，尤其含有肉类的泔水。

【治疗】

1. 活性炭 3~10 克，一次内服。

2. 肌内注射地塞米松 2~4 毫克。

3. 土单方：地肤子 30 克、火麻仁 30 克，炒熟研末，一次内服。

沥青中毒

沥青是猪最敏感的物质。猪饮了防水用的沥青油毡流下的雨水，就会发生中毒。当吃入或接触到沥青，吸入沥青气体，均会发生中毒。

【诊断要点】

1. 有接触沥青史。

2. 急性中毒，皮肤充血肿胀、发炎，还表现奇痒。

3. 咳嗽，呼吸困难，病程短，一天内就会死亡。

4. 慢性中毒，食欲大减，精神沉郁，全身出现皮疹，有痒感，贫血，可视黏膜黄染，拉少量黏稠粪便，粪中含有血块或血丝。

5. 剖检：皮下结缔组织黄染，淋巴结肿大、出血，肝脏肿大、质脆，肝小叶有暗红色及暗黄色。

【预防】猪舍不得用沥青油毡遮雨。熬沥青油要避开猪场。

【治疗】

1. 地塞米松 5~10 毫克，一次肌内注射。

2. 1%肾上腺素肌内注射 0.5~1 毫升。

3. 土单方：对慢性中毒可用地肤子 30 克炒熟拌饲，1 天 1 次，连喂 3 天。

氯化钴中毒

本品为农业上常用的熏蒸杀虫剂，亦可杀菌。这种气体被猪吸入后，立即出现窒息性呼吸困难。猪采食了被氯化钴熏蒸的饲料，经消化道吸收后，也同样会发生中毒。

【中毒机制】氯化钴挥发性很强。由于该气体比空气重，所以离地面近的毒气浓度高，猪中毒的机会就高。吸入气体后会刺激肺泡，出现急性肺水肿，使机体内外氧气交换障碍，血压升高，心力衰竭，大脑缺氧而危及生命。

【诊断要点】

1. 当吸入毒气后，很快出现剧烈咳嗽，大量流眼泪，眼高度充血，1~2 小时出现流淌血性眼泪，呼吸困难。

2. 严重时，体温升高，可视黏膜发绀，鼻孔流出红色泡沫，张口吐舌，大量流涎，数分钟后即死亡。

【预防】不得用本品对猪舍消毒和杀虫。

【治疗】肌内注射 0.5%阿托品 2~3 毫升、10%安钠咖 5~10 毫升。

针灸：小宽针，血印、尾尖。

痢特灵中毒

痢特灵又叫呋喃唑酮，被列为兽医禁用药品，但仍有人用本品治疗肠炎，因过量或长期服用会发生中毒。中毒特征是神经紊乱，全身性出血。临诊过程中多见于仔猪发生，其他猪很少见到。

【起病机制】内服超剂量呋喃唑酮（安全量为 5 毫克/千克体重）经胃肠吸收后能使机体内氧化酶的活性产生较强的抑制作用，还能抑制骨髓造血功能，肝功能下降，对肾脏泌尿也同时有伤害，出现一系列病理变化，如红细胞生成减少，蛋白质和肝糖原不能合成，胃肠分泌和蠕动也受到严重影响，使整个机体新陈代谢紊乱。

【诊断要点】

1. 中毒发生后全身皮肤发红，鼻端干燥，口吐白沫，全身震颤，肌肉发抖，走路摇摆，后肢无力。

2. 严重时不停叫唤，口色发绀，体温下降，角膜混浊，视力减退。

3. 剖检见膀胱中有杏黄色尿液积存，诸内脏浆膜有广泛性出血。

【预防】尽量少用呋喃唑酮类药物。

【治疗】

1. 立即静脉注射 10% 葡萄糖 300 毫升、维生素 B_1 1~2 毫升。

2. 复合维生素 B 1 毫升、维丁胶性钙 2 毫升，一次肌内注射。

漂白粉中毒

漂白粉又叫"氯石灰"，是水的消毒剂，为白色粉末，易溶于水，有氯的臭气。中毒后的特征是癫痫样发作，全身痉挛，视力障碍。

【中毒机制】多因用漂白粉冲洗猪舍后，猪（特别是仔猪）经呼吸道吸入氯气而中毒，也有饮入高浓度的含氯自来水而中毒。氯毒是神经毒，又具有强腐蚀性，可机械性地直接损害呼吸道和消化道黏膜，引起高度充血肿胀，发炎坏死。

【诊断要点】

1. 猪的口鼻呼出气体有氯臭。

2. 有明显神经紊乱症状，如转圈运动，头颈抽搐，阵发性癫痫样发作，呼吸困难，极度不安。

3. 口吐多量泡沫，叫声嘶哑，舌头不灵活呈麻痹状，体温偏低，小猪双目失明。

4. 剖检见胃肠出血发炎，肺充血样水肿，心肌和心内膜出血。

【预防】 猪舍禁用漂白粉消毒。

【治疗】

1. 内服小苏打和牛奶。

2. 土单方：用鸡蛋清 3 个，从鼻孔徐徐灌入，通过鼻孔后部经咽服入。

铜 中 毒

铜的盐类常做杀虫、杀菌、催吐和促进生长的微量元素。正因为用途广，所以猪中毒的机会也就多。中毒后的特征是大量流涎，神经错乱，粪便带血。

【中毒机制】 过量铜离子吸收后，首先伤及肝细胞，破坏凝血酶原，引起肝功能下降，发生溶血性黄疸，新陈代谢紊乱，血糖量降低，血压升高，血氨升高，出现尿毒症，出现肝昏迷。对肝脏有强烈的刺激，引发肾炎和肾功能下降，侵害神经系统，引起神经传导障碍，出现麻痹和知觉消失。

【诊断要点】

1. 口腔黏膜充血，叫声嘶哑，皮肤黄染，精神呆痴，食欲废绝，卧地不起，全身衰弱无力，脊背部皮肤红染充血呈紫红色。

2. 多卧少动，呈瘫痪样，感觉迟钝。勉强站立，全身肌肉松软，难以支撑身体。

3. 腹泻，粪便带大量黏液和血块，尿量减少，尿色呈黑豆水样，严重时停止排尿。

4. 剖检：内脏充血，出现血凝不良，腹腔积水，肝肿大呈土黄色、质脆。

【预防】

1. 用于医疗需内服硫酸铜时，要严格掌握安全剂量，不得随意增加。

2. 用作饲料添加剂时，不得超过 $100×10^{-6}$。

【治疗】

1. 急性中毒用 1%亚铁氰化钾溶液 10~20 毫升，一次内服。

2. 维生素 C、白糖水让其自饮。

提示 ①铜中毒禁用牛奶和植物油，因为可加速硫酸铜的吸收。②亚铁氰化钾——黄铁盐能和硫酸铜化合成无毒的化合物。

磷化锌中毒

磷化锌为一种无味无气的有光泽的灰色粉末。不溶于水，遇酸（特别是胃酸）很快分解成磷化氢（剧毒）气体（蒜臭味）。猪常误食灭鼠用磷化锌毒饵而引起本病发生。猪采食后很少出现症状而猝死为中毒特征。

【中毒机制】本品在胃酸（HCl）作用下很快变成气体——磷化氢，刺激和腐蚀肠胃，经消化道吸收后，刺激神经末梢，出现高度兴奋，继而伤及心、肺、肝、肾及横纹肌，致使猪表现阵发性全身抽搐而很快死亡。

【诊断要点】

1. 慢性中毒，首先出现呕吐和腹泻。呕吐物有大蒜气味，在黑暗处有荧光。

2. 口腔黏膜红肿，皮肤有出血点，癫痫样发作。

3. 严重时昏迷，全身肌肉发抖，呼吸迫促，口流泡沫性粉红色液体，排尿困难，尿呈红色。

4. 剖检见尸体僵硬，胃底部呈黑红色，小肠黏膜呈红色，肠腔积满血块。

【预防】 灭鼠药及磷化锌毒饵投放应远离猪舍。

【治疗】

1. 立即灌服1%硫酸铜10~15毫升。

2. 静脉注射5%碳酸氢钠50毫升。

3. 土单方：仙人掌50克捣碎，一次灌服。

安妥中毒

安妥是一种慢性灭鼠剂，化学名叫甲-萘硫胺，灰白色，不溶于水，有苦味，无臭气。猪误食后可中毒，以呼吸困难、全身呈黑紫色为本病特征。

【中毒机制】 安妥经消化道吸收后，使肺内毛细血管通透性增强，大量血浆渗出于肺间质中，出现坏死性肺水肿，使肝、肾发生脂肪变性。

【诊断要点】

1. 猪误食安妥后1~2天出现症状，体温下降，渴欲剧增，全身肌肉震颤发抖。

2. 呼吸迫促，持续性咳嗽，听诊肺部有强烈的湿啰音，鼻孔流出白色泡沫。

3. 剖检见胸腔积有大量透明胸水，整个肺呈红色水肿，肝稍肿大，有瘀血斑，心肌扩张，心内膜有出血点。

【治疗】

1. 用0.1%高锰酸钾溶液洗胃（适合采食毒物初期）。

2. 10%安钠咖注射液 5~10 毫升一次肌内注射。本品只许注射一次。

3. 5%葡萄糖 100 毫升、地塞米松 5 毫克、维生素 C 100 毫克，一次静脉注射。

4. 土单方：鲜黄瓜叶 30 克、白矾 2 克捣汁内服。

铅化物中毒

铅是广泛应用的工业原材料，如油漆、电池、电焊以及工业废水都含有铅，这就给铅中毒增加了机会。猪中毒后的特征是胃肠出血，双目失明，四肢僵硬跛行。

【中毒机制】 铅化物是腐蚀性的重金属，对消化道有强烈的刺激性和腐蚀作用，引起黏膜蛋白变性，铅离子被吸收可直接伤害脏器，使其失去生理功能，尤其神经系统和血液循环系统，使机体代谢处于瘫痪状态，发生自体中毒而死亡。铅在体内排泄极缓慢，常见慢性中毒发生。

【诊断要点】

1. 急性中毒表现呕吐，流涎，痉挛抽搐，关节僵硬，牙关紧闭，呈癫痫样发作。

2. 慢性蓄积中毒表现食欲大减，共济失调，视力障碍，腕关节肿大，可视黏膜发绀，衰弱无力，行走困难。

3. 张口伸舌，下颌松弛下垂，舌吐出口外不能缩回口腔内。

【预防】 猪舍内墙壁及圈舍金属安全设施和防锈剂，不得用含铅的油漆。

【治疗】

1. 依他酸钠注射液按 10 毫克/千克体重一次性肌内注射，1 天 2 次。

2. 土单方：①内服硫酸镁，一次内服 50 克，1 天 1 次，连服 3

天。②红杉木 500 克煮水混饮，1 天 1 次，连服 4 天。

提示 铅中毒的特殊症状是全身血管硬而失去弹性，叩诊血管如铁丝状便可确诊。

有机磷中毒

有机磷化合物农药品种很多，多为油状液体，有挥发性，并且有特殊怪味，如乐果、敌敌畏、敌百虫等。中毒特征是瞳孔缩小，大量流涎，腹泻。

【中毒机制】 此类农药可经消化道、呼吸道及皮肤吸收进入体内，发生中毒。有机磷是神经性毒剂，主要通过抑制机体神经介质胆碱酯酶使体内乙酰胆碱无法水解和代谢，故大量积存在体内，出现神经系统紊乱而很快死亡。

【诊断要点】

1. 有接触农药史。

2. 突然出现大量流涎，瞳孔缩小，视力障碍，眼球震颤，腹泻，胃肠蠕动音增强，呕吐，阵发性全身抽搐，极度不安，全身出汗。

3. 心音混浊，局部肌肉痉挛，共济失调，粪、尿失禁，大量流涎。

【预防】

1. 尽量少用农田地边的野草喂猪。菜园、果园的杂草亦不能让猪采食。

2. 猪场驱虫、灭蝇时禁用剧毒农药。

【治疗】

1. 确诊后立即肌内注射硫酸阿托品 4~8 毫克，同时再肌内注射氯解磷定 0.1~2 克，边治边观察，只要症状没有完全消失，就每隔 1 小时剂量减半，重注一次硫酸阿托品。

2. 针灸：放耳尖、尾尖血。圆利针，天门穴、七星穴。

砷化物中毒

砷化物有剧毒，如三氧化二砷，俗称信石，还有砷酸钙、砷酸铵等，有急性中毒，也有慢性蓄积性中毒。猪的中毒主要是通过饲料添加剂引起慢性中毒，也有因白砒卡耳疗法落入食槽中食后而中毒的。

【中毒机制】 砷化物可经消化道和皮肤伤口吸收发生中毒。本品直接接触，会对局部产生腐蚀作用，使组织坏死，还可被组织吸收，随血行进入全身各个脏器中，蓄积在肝脏中的最多。经口腔食入可引起剧烈性胃肠炎，其次是毛发和蹄壳，乳汁中含毒亦高，可引起仔猪中毒死亡。

【诊断要点】

1. 急性中毒多经消化道，表现为很快出现呕吐，肠炎，出血性下痢，全身抽搐，腹围增大，齿龈发黑，呕吐有大蒜味。

2. 呼吸浅表，心律不齐（有间歇），瞳孔散大，下唇和舌麻痹并吐出口外。

3. 孕猪流产，后躯麻痹，肢体末端凉感，尿呈暗红色。

4. 慢性中毒表现食欲减退，皮肤红染，被毛粗乱无光，流口水，眼结膜充血，巩膜潮红，精神呆滞，毛发、蹄甲易脱落。

【预防】

白砒卡耳应掌握剂量，卡好后用胶布封贴。禁止用砷剂做饲料添加剂。

【治疗】

1. 硫酸亚铁 10 克溶于 250 毫升水中，氧化镁 15 克溶于 250 毫升水中，两液混合后灌服，1 天 3 次。

2. 二巯丙醇按 50 毫克／千克体重一次肌内注射，以后每隔 4 小时减半量重注一次。

3. 土单方：防风 30 克、硫黄 10 克共研末，一次服。

氟乙酰胺中毒

氟乙酰胺为无色无味且性质稳定的有机氟农药，潜效期很长，易发生二次中毒，即首次中毒死亡的鼠若被猪食后仍会引起猪二次中毒。猪采食用氟乙酰胺喷洒过的野草和作物秸秆后也会发生中毒。

【中毒机制】氟乙酰胺经消化道吸收后首先和机体内的柠檬酸结合成氟柠檬酸（不可逆反应）失去代谢作用，并大量蓄积在血液中，从而导致糖代谢停止，引起机体各脏器因低血糖而处于极度衰竭状态，最后引起体内外呼吸氧代谢障碍而很快死亡。

【诊断要点】

1. 有在喷洒过农药的果园、菜园采食史。近期投放过灭鼠药史。

2. 突然出现阵发性兴奋不安，尖叫，向前直冲，全身抽搐，口吐白沫，眼结膜潮红，心跳疾速，体温下降，连续排粪。

3. 严重时突然倒地，角弓反张，片刻又能站立起来，如无病样，但很快又会复发，而且愈复发间隔时间愈短，症状愈严重。

【治疗】

1. 立即用解氟灵（乙酰胺）按 50 毫克/千克体重一次肌内注射。2 小时后减药 15 毫克/千克体重重复注射一次。

2. 用镇静剂安定注射液按 0.4 毫克/千克体重一次肌内注射。

3. 白酒 50~100 毫升一次灌服。

4. 土单方：仙人掌 40 克去外皮只要内部肉质，加食盐 10 克，捣碎成糊加水，一次灌服。

荞麦中毒

荞麦为蓼料一年生秋粮作物，每年秋收后的荞麦副产品、秸秆或二茬幼苗等用作饲料喂猪后，常发生中毒。以白色皮肤猪经阳光照射后皮肤充血坏死为特征。

【中毒机制】荞麦茎、叶、花中含有一种感光物质叫荞麦素，经胃肠吸收后，蓄积在皮肤的真皮内，经阳光照射后变成类似"斑蝥"样发泡剂，引起皮肤充血、发炎、坏死。病母猪的乳汁中也含有荞麦素，仔猪吃了病母猪乳后也可发生同样中毒性疾病。

【诊断要点】

1. 病初只见白色猪的头、耳、背部在晴天中午日光照射后，皮肤出现红肿痛痒，2~3天后皮肤脱屑皮。

2. 严重时，食欲废绝，兴奋不安，乱啃咬他物，最后昏迷，无知觉反应而死亡。

3. 仔猪吃了中毒猪奶水，经日光照射也会出现皮肤发炎、肿胀，2~3天后会逐渐恢复。

4. 剖检见皮肤无色素处充血肿胀，皮下水肿，尸体黄染。

【预防】

1. 幼嫩荞麦苗及麦秸秆、叶、花不可喂猪。

2. 发现采食应将猪置阴暗处避开阳光照射，特别是白色猪更应避开阳光照射，一周后即可解除。

【治疗】

1. 立即内服盐类泻剂硫酸钠 50~100 克。

2. 肌内注射维生素 B_1 1~2 毫升、地塞米松 5~10 毫克。

3. 针灸：血印、涌泉、七星穴。

4. 土单方：白芨粉适量混入凡士林中，涂在皮肤发炎处。

苜蓿中毒

苜蓿系豆科多年生草本植物，本是良好的蛋白质、维生素饲料，但是猪一次性突然采食过量，在皮肤无色处，经阳光照射后会发生皮炎。类似荞麦中毒样，出现日光过敏性皮炎。

【中毒机制】青嫩苜蓿含有一种叶红质，经消化道吸收进入体内，在阳光作用下引起毛细血管破裂，并且使神经系统、消化道、肝脏功能受到严重影响，出现中毒症状。

【诊断要点】

1. 食欲废绝，大量流涎，粪便干燥，心律不齐，体温升高，行走摇摆，眼结膜发炎，可视黏膜黄染。

2. 猪体上部如背部皮肤、耳无色处红肿，呈紫色斑块，肿胀消退后出现大量皮屑脱落，并有明显神经症状，如抽搐，兴奋不安。

3. 严重中毒时，患部奇痒，蹭破流鲜血后感染化脓，可视黏膜发黄，心律不齐。

【预防】

1. 用苜蓿喂猪时，特别是青嫩枝叶，一次要限量，特别是不能喂含露水的、未经太阳照射的幼嫩枝叶。

2. 若是干苜蓿粉，要和其他饲料搭配着喂，不能单一饲喂。

【治疗】

1. 首先将猪置阴暗避光处，然后灌服蓖麻油 20~50 毫升。

2. 25%葡萄糖 50~250 毫升、4%乌洛托品 10~20 毫升一次静脉注射。

3. 土单方：甘草 100 克、滑石 600 克，加 10 千克水煎水，混饮。

4. 针灸：可适当泻血，耳尖、涌泉、七星穴。

提示　不得用盐类泻剂，如硫酸钠、硫酸镁，因本品可提高血液毒素浓度。

紫云英中毒

紫云英又叫马苕子，豆科，多年生草本，羽状，复叶，花紫色，伞形。荚果条状，弯月形。中毒特征是神经紊乱，后肢麻木，行走无力，精神高度抑郁。

【中毒机制】紫云英的有毒物质是腺嘌呤和胆碱，而且富含硒。

这些毒质不易氧化，性质稳定。青绿时含毒量多，即使收割晒干后其毒素仍不减少。如大量做饲料可引起急、慢性神经系统中毒。

【诊断要点】

1. 急性中毒发生在突然采食大量幼嫩青绿枝叶后，表现精神沉郁，食欲废绝，走动摇摆，后肢无力，多卧少立，呼吸困难，4~5 天死亡。

2. 慢性中毒表现食欲不振，牙齿松动，釉质变黑，被毛易脱落，尤其尾毛脱光。呼吸窘迫，全身发抖，后肢僵硬，行走困难。怀孕母猪多发生流产。

【预防】 除对怀孕母猪在孕后期补充少量紫云英外，其他猪一律禁用紫云英做饲料，防止慢性蓄积中毒。

【治疗】

1. 内服马钱子酊 1~2 毫升，1 天 1 次，直接滴入口内。

2. 土单方：仙人掌 30 克、明矾 0.5 克，共捣为泥，一次内服，1 天 1 次，连服 3 天。

3. 针灸：七星、耳尖、天门穴。

黄瓜秧中毒

黄瓜俗称胡瓜，为葫芦科一年生蔬菜瓜类。叶三角形，雄花常数朵聚生于叶腋，雌花为长柱形。瓜未成熟时呈绿色，老黄瓜呈鲜黄色。中毒后特征是出现出血性肠炎和神经紊乱。

【中毒机制】 黄瓜全株均有生物碱和溶血素。猪采食后或用黄瓜秧做垫圈料，均会引起中毒。中毒途径有两种，即消化道或皮肤接触吸收。生物碱的毒性类似氨甲酰胆素的作用，引起胃肠痉挛，瞳孔缩小；溶血素则起凝血酶原合成受阻或失去凝固血液的作用。

【诊断要点】

1. 急性中毒多在食后 1~2 小时发生，多表现大量流涎，呕吐，全身抽搐，呈阵发性，突然倒地，口吐白沫，癫痫样发作。

2. 慢性中毒表现食欲废绝，腹泻，粪中带血，眼结膜充血，体温下降，精神沉郁，卧地不动，呼吸窘迫。

【预防】黄瓜秧不可喂猪，也不可用来做猪舍地面的垫料。

【治疗】

1. 内服硫酸镁 25～50 克。

2. 皮下注射 0.5%硫酸阿托品 2～3 毫升。

3. 维生素 K_3 1～2 毫升肌内注射。

4. 土单方：仙人掌、绿豆各 100 克捣泥，一次灌服。

5. 针灸：耳尖、天门、七星穴。

水浮莲中毒

人们都知道水浮莲可以喂猪，但不知道其在每年 8～9 月份盛花期间全株含有大量草酸和草酸盐。这时，若吃多了水浮莲会有 95%以上的猪发生急性草酸中毒。以全身强直性痉挛如木马样、排尿困难为本病特征。

【中毒机制】猪采食大量开花期的水浮莲后，草酸被吸收进入血液，与血中钙离子结合，形成不溶性草酸钙，使猪很快出现低血钙症。草酸钙进入泌尿系统，形成大量尿结石，堵塞细尿管，出现排尿障碍，使整个机体代谢紊乱，危及生命。

【诊断要点】

1. 病初呆立，全身强拘，空口咀嚼，步态僵硬，排尿减少。

2. 严重时表现阵发性抽搐，剧烈腹泻，四肢僵硬，强直性痉挛，眼皮水肿。

3. 剖检见肾肿大，细尿管和肾盂有灰白色砂粒，肠黏膜充血，肠壁增厚。

【预防】当发现部分猪空口嚼，口吐白沫时，立即停止喂水浮莲。

【治疗】

1. 氯丙嗪2毫升/千克体重，一次肌内注射。皮下注射0.5%硫酸阿托品2~4毫升。静脉或肌内注射葡萄糖酸钙5~10克。

2. 土单方：鸡蛋2个、小苏打15克，一次内服。

3. 针灸：七星、天门穴。

烂白菜中毒

白菜为高蛋白质类蔬菜，可是当保存不当，如堆积发热腐败后会产生大量亚硝酸盐，成为剧毒物质，猪吃后会引起致命性中毒。以口、唇、耳呈青紫色，突然倒地抽搐死亡为特征。

【中毒机制】 亚硝酸盐是一种血液毒。当猪采食腐败烂白菜后，亚硝酸盐被吸收进入血液中，很快和血液细胞中的血红蛋白结合成高铁血红蛋白，从而使血红蛋白失去亲氧能力，使机体组织间氧气交换障碍，出现缺氧而死亡。

【诊断要点】

1. 猪采食烂白菜后1~2小时出现中毒症状，口吐白沫，全身发抖，不停排尿。

2. 全身皮肤苍白，唯口、唇、舌、鼻呈青紫色。

3. 严重时突然倒地，呼吸困难而死亡。

4. 剖检见胃内充满白菜叶片，气味难闻，胃黏膜充血，部分脱落，血液凝固不良，血呈酱油色。

【预防】

1. 1%亚甲蓝注射液按0.2毫克/千克体重一次肌内注射。2%硫代硫酸钠30~40毫升一次静脉注射。

2. 土单方：茶叶10克、红糖30克煎汁500毫升一次灌服。

3. 针灸：天门、血印、七星、尾尖穴。

鲜白菜中毒

猪一次性突然采食过量鲜小白菜（幼苗）也会出现中毒，不过这不属亚硝酸盐中毒，而是草酸中毒，因为小白菜苗中含草酸毒最多。中毒特征是水样腹泻，全身僵硬，排尿困难。

【中毒机制】 鲜幼嫩小白菜被猪大量采食后，大量草酸被吸收进入血液中，很快和血钙结合成不溶性草酸钙，出现低血钙症，并形成尿结石，导致全身性泌尿障碍和新陈代谢紊乱，甚至会危及生命。

【诊断要点】

1. 大量采食鲜白菜后 1~2 天出现症状。病初只见猪空口咀嚼，如同磨牙一样，精神沉郁，四肢僵硬，阵发性痉挛，伸头伸颈，如木马样。

2. 弓背凹腰，做排尿姿势，但无尿排出。

3. 剖检见肾脏肿大，肾盂中有细砂样结石颗粒。

【预防】 幼嫩小白菜禁止喂猪。

【治疗】

1. 肌内注射氯丙嗪，按 2 毫克/千克体重一次肌内注射。

2. 皮下注射 0.5%硫酸阿托品 2~4 毫克。

3. 静脉注射葡萄糖酸钙 5~6 克。

4. 肌内注射呋塞米注射液 2 毫升。

5. 土单方：鸡蛋 2 个、小苏打 15 克，一次灌服，隔日可重服一次。

马铃薯中毒

马铃薯的嫩芽，尤其紫红色皮含毒量最高，叫龙葵素。未成熟的嫩薯、发芽腐败的马铃薯不但含有龙葵素，还含有亚硝酸盐。以下痢、嘴烂和皮疹为特征。

【中毒机制】 龙葵素对黏膜有强烈的刺激作用，能促使所有黏膜，包括胃膜及口腔黏膜充血、出血、发炎，而且还能伤害神经系统，造成泌尿障碍。

【诊断要点】

1. 采食有毒马铃薯后 4~5 天发病，出现神经症状，兴奋不安，呕吐，后肢无力，行走摇摆，腹泻，多在 1~2 天内死亡。

2. 口腔充血、发炎，大量流口水，全身皮肤出现红色疹子，以下腹部最多。可视黏膜发绀，心脏衰竭，瞳孔散大，尿少，尿呈棕红色。常在 3 天左右死亡。

3. 怀孕母猪易发生流产。

4. 剖检见胃肠黏膜潮红，上皮脱落出血，心、内外膜出血，肝脏肿大瘀血，肾肿大、发炎，头、颈、眼水肿。

【预防】 新鲜马铃薯嫩芽、茎、叶、花不可喂猪。每年开春种用马铃薯萌发幼芽和腐烂马铃薯不准喂猪。

【治疗】

1. 用 5% 小苏打水灌肠。

2. 肌内注射苯海拉明 1 毫克/千克体重。

3. 腐殖酸钠 50 克、链霉素 3 克，一次灌服。

4. 土单方：①鲜韭菜 500 克砸碎取汁，加蜜 100 克，一次灌服。②绿豆、甘草各 200 克煮汁 500 毫升，一次灌服。

梭菌毒素中毒

本病是因猪采食了肉毒梭菌的外毒素引起的急性中毒性疾病，因本病起病急，呈群发，死亡快，被基层兽医所关注。肉毒梭菌是分布广、最常见的腐生菌，革兰氏阳性大杆菌，可形成芽孢，长期存在于环境中，以腐败动物尸体及鱼类水草中最多。本病特征是食后突然发病，四肢软瘫，口舌咽麻痹，眼睑水肿，死亡很快。

【中毒机制】 本菌是一种专性厌氧菌，在高温缺氧腐败的肉类中生长迅速，并产生毒性极强的外毒素。该毒素耐高温，煮沸（100℃）不能分解，仍保持剧毒。当猪采食吸收后，首先伤害神经系统，尤其运动神经中枢，出现内脏和四肢瘫痪。

【流行特点】多发生在夏季，采食后，同时成群发病，但无传染性，病因是采食同样腐败肉类或饭店泔水。虽然同舍但不同槽，没有采食相同饲料，不会发病。上述情况，笔者常见，不胜枚举，如见一养鸡户，利用病死鸡煮熟后喂猪，食后很快出现群发性，相似症状，死亡占发病70%以上。

【诊断要点】

1. 有明显的季节性，夏季高温、高湿，有采食动物尸体和食堂泔水及沟渠池塘的腐败水草史。

2. 突然发病又在采食后30～60分钟出现症状，体温不高，全身软瘫，不能站立行走。

3. 腹围增大，胃肠蠕动缓慢，大便干，排粪困难，咬肌松弛，舌垂出口外。

4. 精神抑郁，双目失明，第三眼睑凸出肿胀（群众叫出骨眼）。

5. 病程短，多在病后1～2天死亡，剖检未见明显内脏变化。

【预防】

1. 在易发病季节和地区，提前接种肉毒梭菌C型明矾菌苗。

2. 防止猪采食腐败水草、动物尸体，尤其在夏季不得用饭店泔水和下脚料喂猪。

【治疗】

1. 用三菱针，针刺耳尖和四蹄八字穴。

2. 立即肌内注射樟脑水和地塞米松。

3. 若呼吸困难，皮下注射尼可刹米1～2毫升。

有毒植物中毒性疾病的鉴别诊断

有毒植物分类	名称	中毒后表现	解毒措施
能引起缺氧的植物	亚麻籽饼	呼吸困难，心力衰竭，口鼻发绀	静脉注射硫代硫酸钠
	再生高粱苗	缺氧，心力衰竭，末端发绀	1%亚甲蓝肌内注射
	黑斑病红薯	多喘，口鼻发绀，皮下气肿	腹腔注射硫代硫酸钠
能引起感光过敏的植物	荞麦苗 蒺藜 灰灰菜	阳光照射后，白色皮肤充血、发炎、坏死	病猪置阴暗处，内服泻剂 静脉注射葡萄糖、可的松 肌内注射维生素 C、维生素 B_1、地塞米松
	苜蓿		内服蓖麻油，静脉注射葡萄糖
能引起出血素质的植物	猪屎豆	皮肤苍白，内脏出血，天然孔出血，皮肤损伤后不易止血	静脉注射氯化钙，内服大苏打
	樱桃树叶 草木樨		肌内注射维生素 K 静脉注射氯化钙，肌内注射酚磺乙胺
能引起肝脏病变的植物	苍耳子 羽扁豆 知母	黄疸，水肿，尿少而黄 黄疸，尿频，浮肿 可视黏膜黄染，尿呈深黄色	肌内注射樟脑油 内服食醋、鸡蛋清 静脉注射葡萄糖、维生素 B_{12}
引起心脏病变的植物	洋地黄 夹竹桃	心跳缓慢，全身瘫软 全身寒战，抽搐，心跳很慢	内服鞣酸，肌内注射阿托品 静脉注射氯化钾，肌内注射阿托品、普鲁卡因
	铃兰	心、肺活动缓慢无力	皮下注射樟脑及阿托品

续表

有毒植物分类	名称	中毒后表现	解毒措施
能引起消化道病变的植物	巴豆	胃肠炎，出血性下痢	内服小米汤
	大戟	口腔炎，腹泻，便血	内服鸡蛋清或鞣酸
	山靛	血乳，血尿，胃肠炎	洗胃及对症治疗
	水芋	口腔黏膜充血、肿胀	皮下注射樟脑，内服脱敏剂
	龙葵	胃肠发炎，腹泻，口腔发炎	内服油类泻剂
	马铃薯	腹泻，呕吐，皮疹，尿血	小苏打水灌肠，肌内注射苯海拉明
能引起中枢兴奋的植物	黄瓜秧	癫痫样发作，腹泻	内服硫酸镁，肌内注射阿托品
	马钱子	兴奋，抽搐，破伤风样	静脉注射安澳，内服活性炭
	毒芹	高度兴奋不安，呼吸迫促	内服油类泻剂
	曼陀罗	瞳孔散大，高度兴奋	皮下注射樟脑，肌内注射氯丙嗪
能引起中枢神经抑制的植物	白屈菜	昏迷，步态不稳	皮下注射阿托品，肌内注射安钠咖
	秋水仙	忧郁，四肢无力	皮下注射樟脑，内服浓茶叶
	乌头	昏迷，胃肠痉挛	皮下注射阿托品
	毒麦	昏迷，步态不稳，嗜睡	皮下注射士的宁、安钠咖

七、普通病

感　冒

本病是猪常见病，是由于猪热身子受寒冷刺激引起的应激反应。以上呼吸道、卡他性炎症（咽喉、支气管）及全身不适和发热为特征。本病无传染性，多发生在气候多变的早春和晚秋。断奶后仔猪和青年猪发生最多。

【发病机制】　同舍猪头数过多，躺卧地相互拥挤，扎堆产热，加上呼出水汽凝结成水，每当散群分开时，猪身上像蒸汽熏蒸一样，加上外界寒冷，气温低，受寒刺激，是发病的主要原因。另外，突然雨淋，贼风侵袭，天气忽冷忽热，以及猪对外界环境适应性降低，而引起猪呼吸道常在共生菌大量繁殖，转化为致病菌，这是导致上呼吸道浆液性炎症的根源。

【诊断要点】

1. 病初精神沉郁，皮温不均，末梢发凉（耳尖、四肢末端），眼结膜潮红，鼻端干燥，口内干燥充血。

2. 严重时，体温升高至 40℃ 左右，畏寒怕冷拱腰，全身寒战，喜独卧一隅不动。

3. 有时喷嚏，咳嗽，流浆液性鼻涕，寒战，食欲不佳，行走时四肢不灵活。

【预防】

1. 青年猪分圈喂养，每圈不得超过 3 头（冬季更要注意）。

2. 猪舍防雨淋，防漏，防贼风，以坐北向南为宜，不得迎风。

3. 严冬时节，猪舍要采取保暖措施，堵风洞（尤其对刚断奶的仔猪）。

【治疗】

1. 阿司匹林 300 毫克，氯苯那敏 4 毫克，每日内服一次，连服 2 天。

2. 土单方：葱白 50 克、生姜 30 克、红糖 30 克，煎煮后混入麸皮 200 克、生鸡蛋 1 个、常水 1000 毫升，让其自食。

3. 针灸：山根、大椎、天门、尾尖穴。

提示　该病以不注射安乃近、氨基比林为好，常因肌内注射消毒不严，引起局部感染，拖延康复时间，更不应反复应用解热抗菌药物。

肺　炎

本病是肺的实质充血性肿胀，渗出物增多，呼吸障碍的疾病。多由于物理因素和微生物感染引起，其中感冒继发最多。以发热、咳嗽、呼吸困难为特征。

【发病机制】　圈舍尘土堆积，在猪只活动时引起尘埃飞扬，吸入肺中；失火烟熏，有毒气体直接吸入肺中；机体抵抗力下降，加之微生物侵袭；另外，也继发于某些传染病。以上均可诱发肺实质强烈的应激性病变充血肿胀，渗出物增加，气体变换严重障碍，出现咳嗽剧烈（为清除肺内的渗出物和异物），为了获得机体所需氧气，代偿性的呼吸加快，为了抗击微生物的生长，提高体温，出现高热，这些保护性反应成为肺炎的主要病理演变。

【诊断要点】

1. 小叶性肺炎，突然发病，全身不适，寒战，咳嗽。病初干咳，后变成湿咳，呼吸加快。弛张热 40℃ 以上，减食，结膜充血，精神沉郁。听诊肺部啰音增强，呈湿性啰音，鼻涕初为浆液性，后来变为黏稠、脓性。反复出现浆液鼻涕和痉挛性咳嗽。

2. 大叶性肺炎，高热稽留，体温 41℃ 以上，心音亢进，呼吸疾速，粪便干燥，食欲废绝。可视黏膜黄染，腹式呼吸，鼻流脓性铁锈色鼻涕，口色干红。虽然咳嗽不多，但是咳时极为痛苦。局部肌肉震颤。听诊时肺泡音初期增强，后期减弱或消失。

【治疗】 治疗原则为抗菌、消炎、解热、化痰。

1. 泰妙菌素按 3 毫克/千克体重 1 天 1 次肌内注射，或用 10% 氟苯尼考按 0.1 毫升/千克体重 1 天 1 次，连用 2~3 天。

2. 制止渗出，5% 葡萄糖 100 毫升，10% 氯化钙 20 毫升、异丙嗪 1 毫升、地塞米松 4 毫克一次静脉注射。

3. 安乃近 0.5~1 克、异丙嗪 0.03~0.05 克，一次内服。

4. 鸡蛋清 10 毫升、氨苄青霉素 5~15 毫克/千克体重一次肌内注射，每天 1 次。

5. 恩诺沙星 0.1 克/千克拌料，混饲。

6. 中草药：①麻黄 20 克、杏仁 20 克、生石膏 30 克、甘草 10 克，煎汁自饮，1 天 1 次，连饮 3 天。②白茅根 40 克、鱼腥草 40 克、二花 20 克煎服，1 天 1 次，连服 3 天。

7. 针灸：圆利针，苏气、肺俞、理中穴。

8. 土单方：①瓜蒌 30 克、蜂蜜 30 克熬水混饮，1 天 1 次，连饮 3 天。②绣球花（花叶混合）20 克加食盐 2 克、白矾 2 克，捣烂绞汁，加红糖 20 克灌服，1 天 1 次，连服 3 天。③杏仁 6 个研末混饲，1 天 1 次，连喂 3 天。

咽　喉　炎

本病是猪常见病，是咽部受外伤和某些侵袭病的后遗症。以吞咽障碍和液体饲料常从鼻孔流出为特征。

【发病机制】　咽喉外伤多见于喂饭店泔水的养猪户，泔水中的杂骨、尖锐物刺伤咽部或卡在局部感染化脓。也见于泔水中含辣椒过多对咽部强刺激引起咽炎。咽部发炎有深层和浅层，有浆液性和化脓性，不管何种形式炎症，都能引起吞咽困难和呼吸障碍，甚至整个脖颈肿胀。

【诊断要点】

1. 咽喉部肿大，伸头直颈，液体饲料从鼻孔流出，不时咳嗽，颈部不灵活，颌下部水肿。

2. 叫声嘶哑，吞咽困难，体温升高，空口咀嚼，咽喉部疼痛，感觉过敏，张口伸舌。

3. 单纯喉炎，只表现干咳与呼吸同时伴有呼噜声。采食中易发生呛食和呕吐，常出现吸气性呼吸困难。

【预防】

1. 喂饭店泔水要经过筛选，清除杂物骨刺、鱼刺、尖锐物、玻璃等，待煮沸后方可喂猪。

2. 辣椒过多的泔水不可喂猪。

【治疗】

1. 喉头外部涂擦 4.3.1 合剂。

2. 冰硼散吹入咽喉，1 天 1 次，连吹 3 天。

3. 土单方：胖大海、桔梗各 20 克，熬水内服，1 天 1 次，连服 3 天。

胃 食 滞

本病是突然更换饲料，饱食后引起的消化道应激反应。首先是胃肠主要功能分泌和蠕动受到抑制，出现弛缓性障碍，形成大量饲料停滞在胃中不能运转和分解，以致肚腹胀满，嗳气增多，口干口臭。

【发病机制】 每当遇到新的饲料，相比之下适口性强，尤其在饥饿情况下，很容易采食过多。过多饲料使胃壁扩张，同时胃对新的饲料不适应，产生超限性抑制，胃液特别是盐酸分泌过少，更使胃中食物下行困难，最后形成恶性循环，出现胃和肠消化功能紊乱。

【诊断要点】

1. 精神抑郁，呆立不动，右腹部胀满，口腔干燥，口臭，舌苔干枯不洁，眼结膜充血，尿少而黄。

2. 打嗝、嗳气出现难闻气味。肠蠕动音短而声音微弱。触诊胃部呈浊音，饮欲、食欲停止。

3. 有时出现呕吐，吐出酸臭黏液。有腹痛感，用后肢蹭腹部。排出少量稀粪。

【预防】 变更饲料要交替转换。新的饲料要由少到多添加，老饲料要由多到少抽去，以防止胃肠发生应激反应，不可突然更换饲料品种。

【治疗】

1. 内服稀盐酸 3 毫升、胃蛋白酶 10 克，一次内服。

2. 中草药：神曲、麦芽、东楂各 20 克，一次喂服。

3. 土单方：①山楂 30 克、萝卜籽（炒）20 克熬水，一次内服。②鸡蛋黄 2 个、樟脑 1 克，一次灌服。

4. 针灸：主穴有脾俞、七星、后三里。配穴有山根、八字。

厌 食 症

本病又叫消化不良，全身症状无大变化。唯一症状是采食不积极。多发生于断奶后仔猪和肥育接近于育成阶段猪。渴欲增加、粪便稀薄，混有未消化饲料为本病特征。

【发病机制】　长期饲喂单一饲料且品质低劣，尤其霉变饲料，失去刺激食欲的作用。饲料中缺乏微量元素硫酸锌、维生素和青绿多汁饲料，均能促成厌食发生。另外，在饥饿时突然饱食伤胃，均能引起胃肠消化功能衰退。

【诊断要点】

1. 口腔黏腻，鼻端无汗，可视黏膜贫血或黄染。毛干燥，精神沉郁，独卧一隅，懒得活动，对饲喂时加料等活动表现漠不关心。

2. 有渴感，时常寻水喝，采食啃咬砖石食槽和污物、泥土。先便秘，后期有腹泻或便秘与腹泻交替出现。

【预防】　喂猪要定时定量，少给勤添，防止暴食暴饮。饲料配合要多样化，防止单一。不喂发霉饲料，要在饲料中添加微量元素。尤其规模化养猪场，更应注意。

【治疗】

1. 内服盐类泻剂硫酸钠 30~50 克，一次内服。

2. 萝卜籽 60 克、山楂 20 克、陈皮 10 克、麦芽 30 克，煎汁混饮。

3. 土单方：①茶叶 20 克、红糖 30 克，熬水放凉后加食醋 200 毫升混饮。②炒陈皮 10 克、炒山楂 10 克，混饲，1 天 1 次，连喂 3 天。

4. 针灸：主穴为玉堂、八字、脾俞，配穴为山根、后三里。

消化不良

本病俗称脾胃虚弱，是胃黏膜表层浆液性炎症，引起胃分泌蠕动和吸收功能衰退，多见于个体散养户。以食量日减，持续性粪中有尚未完全消化的饲料为特征。

【发病机制】　引起本病的主要原因是饲养管理失宜，采食过热或过冷饭店泔水，由于胃神经受到强烈刺激，出现兴奋性蠕动加强，甚至痉挛性收缩，胃液渗出和分泌增加，胃壁受过多盐酸腐蚀，胃壁增厚、萎缩，体积和容积变小，最后转变成弛缓。胃液分泌减少，无法对食物进行消化。

【诊断要点】

1. 伤胃性消化不良表现采食大减，大量流涎，有时呕吐，口腔湿润、潮红。呕吐物酸臭，出现异食癖，眼睑水肿。

2. 胃萎缩性消化不良表现食欲缺乏，口腔干燥不洁、口色淡，便秘和腹泻交替出现，被毛逆立，可视黏膜贫血，粪中有未消化的饲料颗粒。

【预防】 利用饭店泔水喂猪不能饲喂过热（不得超过 60°）、过冷、过辣、过咸的泔水。

【治疗】

1. 人工盐 30 克混饲，1 天 2 次，连喂 3 天。

2. 小苏打 20 克、食母生 10 克，1 天 1 次，连喂 3 天。

3. 左旋咪唑 7.5 毫克/千克体重，一次内服。

4. 中草药：白术、神曲、东楂、麦芽各 20 克，煎水内服，1 天 1 剂，连服 3 天。

5. 土单方：大蒜 30 克、白酒 50 毫升捣碎，一次服。

6. 针灸：火针脾俞穴、圆利针交巢穴、小宽针八字穴。

胃 溃 疡

本病主要发生于老年繁殖母猪。专家对引起本病的观点不同，有缺钙论，有缺乏粗纤维论，也有经常采食碎粉饲料论。笔者认为与胃虫有直接关系。临床以减食、消瘦、贫血、不发情为特征。

【发病机制】 带仔哺乳母猪饲养管理不良，没有及时补给仔猪饲料（提前开食），随着仔猪日龄增大，食量剧增，母猪乳汁不能适应日益增多的需求，加之母猪本身营养不足，很快出现入不敷出，引起新陈代谢紊乱。胃内寄生虫趁机得以大量繁殖，刺激胃壁引起溃疡，母猪采食少，胃酸多，加速胃溃疡恶化。

【诊断要点】

1. 带仔母猪食欲不振，食量大减，泌乳减少，不让仔猪哺乳，乳房萎缩。

2. 粪便干燥，呈黑色球形，日渐消瘦，行动缓慢，拱背，四肢聚于腹下。

3. 高度贫血，可视黏膜苍白，皮肤粗糙，被毛脱落，髋关节和跗关节肿大、跛行。

4. 剖检：全身消瘦贫血，皮下脂肪极少，仅有胶冻样物，胃底部有溃疡斑，胃壁黏膜附有大量褐色细线状虫体。

【预防】 哺乳仔猪提前开食（7日龄开始），增加营养，哺乳仔猪30日龄断奶。

【治疗】

1. 用敌百虫驱虫按0.1克/千克体重一次内服（最多不得超过7克）。

2. 氢氧化铝凝胶30~50毫升一次内服，连服5天。

3. 土单方：海螵蛸10克、姜半夏3克，一次内服，1天1次，连服3天。

胃　肠　炎

本病是猪采食霉败饲料及胃肠感染致病菌后引起的胃肠黏膜表层及深层的急性炎症。特征是没有传染性，但体温升高，突然发生出血性水泻，呈急性经过。

【发病机制】 本病发生有季节性，多发生在夏季。断奶后和青年猪最多发生。在病原物作用下，胃肠黏膜出现应激反应，分泌和蠕动加强，甚至出现痉挛，喷射性下痢和剧烈腹痛；后期胃肠出现弛缓、分泌和蠕动衰退，出现腹胀、脱水和中毒（自家中毒）；最后心肺衰竭而死亡。

【诊断要点】

1. 突然停食，腹胀，精神沉郁，眼睛充血，体温 41～42℃。病初呕吐，随后即出现腹泻。

2. 听诊胃肠蠕动增强，呈流水声样接连不断，然后出现喷射状、西红柿水样腹泻。

3. 严重时肛门失禁，不停泻痢，尿量减少，尿呈黄色，眼睑浮肿，体温下降，这时最易衰竭而死。

【预防】 在夏季注意清洁卫生，及时消灭蚊蝇，不喂发霉腐败饲料。如利用饭店泔水喂猪，必须加热、煮沸后再用作饲料。

【治疗】

1. 病初趁猪有饮欲时，用 0.1%高锰酸钾水让其自饮。

2. 内服土霉素 0.5～1 克，一次内服。

3. 磺胺脒 1 克、胃蛋白酶 2 克、次苍 1 克，一次内服。

4. 呋喃唑酮 100 毫克、颠茄酊 1～2 毫升一次内服。

5. 土单方：①茶叶 30 克、马齿苋 200 克，煎汁，一次灌服。②元胡 20 克、白芍 20 克、木香 5 克，研末混饲。③马齿苋 200 克、红糖 30 克煎汁，混饮。

6. 针灸：①后海、六脉。②百会、后三里、脾俞。

便　　秘

本病多见于孕后期母猪和断奶后仔猪。病因主要是饲料配比不合理，缺乏粗纤维饲料。如粉碎的农作物秸秆、花生壳以及糠、麸、糟类饲料。特征是大便干结、排粪困难或久不排粪。便秘部位多在结肠，腹围增大，食欲停止。

【发病机制】 饲料中精料过多而粗纤维饲料过少或没有及时供水，胃肠中的内容物失去对肠壁的机械刺激作用，引起粪便在结肠中停留过久，逐渐变干变硬，加上肠蠕动无力，加速秘结形成。一旦形成结粪，异常发酵，产生气体，腹压增大，产生毒素吸收，自体中毒。最后便秘处肠管坏死，产生剧痛，成为恶病质而死亡。在缺乏粗饲料的情况下，孕后期母猪则是由于胎儿压迫肠壁，肠管运动不足，加速形成便秘，是引起繁殖失败和产后瘫痪的原因之一。

【诊断要点】

1. 食欲废绝，腹围增大，腹痛不安，呕吐，病初排出少量干硬黑色粪球。

2. 严重时，排粪停止，不安，回头顾腹。用手触摸腹部过敏，有痛感。

3. 眼结膜充血、红染，口腔干燥、污秽不洁，可伴发尿闭。

4. 用手触摸仔猪腹部左侧，可触摸到硬且凹凸不平的粪球。

【预防】

1. 饲料要多样化，增加青绿饲料和粗纤维、糠、麸、糟类等。

2. 怀孕后期，给母猪增加花生秧和花生壳粉等粗饲料，同时适当增加运动量。

【治疗】

1. 怀孕母猪用蓖麻油 50～100 毫升或液状石蜡 60～200 毫升，一次内服。

2. 对仔猪和青年猪可内服硫酸钠 25～50 克。

3. 中草药：麻仁 60 克（炒熟）、枳壳 30 克共研，一次喂服。

4. 土单方：①番泻叶 5～10 克煎汁混饮，一次即可。②巴豆（去皮）1 个、麸皮 10 克混合炒黄，一次喂给（35 千克体重）。

5. 针灸：主穴为玉堂、七星、交巢，配穴为百会、山根。

顽固性呕吐

在家畜中，猪是最易发生呕吐的动物。呕吐本来是一种保护性的反射性动作，必要的呕吐是有益的。但是反复呕吐会使胃中消化液和盐酸大量损失，特别是消化道紊乱，对猪生长发育极为不利。

【发病机制】 呕吐是受大脑呕吐中枢控制的一种不随意反射反应。当猪吃了发霉或有毒饲料后，发生呕吐是生理性良性反应，是对机体有益的反应。但是由于激素紊乱，胃中寄生虫刺激，胃下口梗阻，肠破裂，胆管阻塞引起的呕吐，则是一种示病症状，给进一步分析诊断提供了线索。

【诊断要点】

1. 猪妊娠初期食欲不振，常见呕吐是由于性激素更替反应和异性蛋白刺激反应，属于干呕。基本呕吐不出食糜，只见有黄色液体。

2. 胃虫性呕吐多发生在猪采食之前，呕吐物中无食糜且黏液多，黏液中有虫体。

3. 急腹症的呕吐，除了连续性呕吐外，还有严重的全身恶性症状。如心跳、呼吸加快，全身肌肉发抖、震颤。

4. 饱食性呕吐，是吃进大量食物发生的，并吐出大量酸臭食糜，发出难闻怪味，多是中毒性呕吐。

【预防】 针对病因采取相应措施。妊娠性呕吐采取减精料，增加青绿多汁饲料；寄生虫性呕吐，采取驱虫；急腹症性呕吐要相应控制原发病，对有毒及发霉饲料，应严加检控，防止误食发生中毒症。

【治疗】

1. 妊娠性呕吐，采取镇静止吐法，应用氯丙嗪、爱茂尔等。

2. 寄生虫性呕吐，应用敌百虫及时驱虫，按 0.1 克/千克体重，一次内服。

3. 急腹症性呕吐可内服颠茄酊 1~3 毫升，并采取对症疗法。

4. 中毒性呕吐，皮下注射 0.5%阿托品 2~3 毫升。

5. 土单方：①灶心土 200 克煎水，让其自饮。②陈石灰 30 克研末拌饲。③红薯秆 100 克、花生饼 90 克，火烧炭化后研末混饲。

6. 中草药：砂仁 15 克、姜半夏 10 克、细辛 5 克、甘草 5 克，煎汁内服。

过敏反应症

本病是猪对突然性强烈刺激产生的保护性反应。属于过敏原的因子有注入异性蛋白、菌素；运输、中毒、创伤、噪声、强光、过于疲劳等。应激反应的表现：神经系统抑制，肌肉松弛，毛细血管通透性增强，血压下降，严重时还会出现休克，甚至死亡。

【发病机制】 当猪受到应激源的刺激后，如注射血清和疫苗、捕捉、运输等，首先是机体高度兴奋，肾上腺分泌增多，肌糖原分解加快，产生大量乳酸，血液 pH 值下降。另一方面应激时，体内耗氧量剧增，体温升高。由于机体高温和低 pH 值协同作用，体内多种酶类失去作用，肾上腺素耗尽，其分泌又受到抑制，这是发生休克的前提。所以，当过敏发生时立即注射肾上腺素是最恰当之举。

【诊断要点】

1. 对猪进行突然抓捕追赶几圈后猪突然倒地休克，属追捕惊吓所致。也有注射血清、疫苗和某些抗生素后突然倒地抽搐休克，属于异性蛋白和过敏原所致。

2. 种公猪在配种时，由于过度兴奋，配种后突然休克，属肾上腺素奇缺，过于疲劳所致。

3. 在外界温度过高时，出现中暑性休克，属于酷热性心力衰竭。

4. 群猪突然发生咬尾，出现一个咬一个连成串，互相咬尾，且表现高度兴奋，很凶恶，食欲不减，属于饲养密度过高，气温、气压骤变引起的狂躁症。

5. 育成猪在外调运输或合群中，发生角斗过程中突然死亡，多属于内脏破裂。

6. 猪的消化道内存在许多共生菌，有的菌还是有益的细菌。但是每当机体遇到强烈刺激，发生应激反应，有些菌会变成有害菌，如大肠杆菌。出现大肠杆菌性胃肠炎、猪水肿病等，属于应激、诱发性疾病。

7. 母猪分娩后食欲不振，恶露不止，轻微发热，乳汁不足，保姆性差，甚至不给仔猪哺乳，属于产程过长、体力消耗过多引起的应激反应。

【预防】

猪场周围应远离强光（电焊）、爆炸、噪声，对捕捉、保定、阉割要缓慢进行，防止惊动他猪。长途运输前首先内服镇静剂的情况下，夜间进行。在进行防疫注射和其他医疗操作时，要尽量温和进行，防止粗暴猛烈，必要时准备好抗过敏药和肾上腺素，以备不时之需。

【治疗】

1. 药物过敏时应立即注射肾上腺素 1~2 毫升。

2. 母猪产后应激，可用苯海拉明内服，肌内注射氢化可的松。

3. 育成猪临起运前内服或注射氯苯那敏。

4. 种猪配种每天限制次数，以早晚进行为好。一旦发生本病应立即注射肾上腺素 1~2 毫升。

5. 猪在合群、长途运输时禁止喂得过饱。

6. 猪的大肠杆菌病，应用抗生素疗法和镇静剂。

营养失调症

本病是规模化养猪场出现的新问题、新疾病。病因是长期饲喂高蛋白、高能量饲料而缺乏粗纤维饲料，特别是缺乏作物秸秆（富含钾、硒）饲料，以膘肥肉胖、无前驱症状而突然死亡。剖检时，唯一可见是"桑椹心"，营养不良的猪并非消瘦，膘肥猪也存在。

【**发病机制**】 长期缺乏粗纤维饲料时，往往引起粪便在胃肠中下行缓慢，异常发酵产生有害气体；若同时缺钾、缺硒，则会导致心脏发生骤停，出现冠状动脉血压剧增，心脏毛细血管破裂，出现心肌广泛出血，呈桑椹样的外观。多见于炎热季节，事先无任何症状而突然死亡。

【**诊断要点**】

1. 青年猪，生长迅速，增膘很快，常无前驱症状而突然死亡。慢性病例时，可见全身重症肌无力，皮肤苍白，共济失调，常发出尖叫声。心跳缓慢，体温正常或偏低。

2. 育成猪，外观膘肥肉胖，会在无任何影响下突然倒地，大声嚎叫而死亡。病情稍缓慢的，可见躺卧地上闭目呆痴不动，精神沉郁，对周围动态漠不关心，全身肌肉松弛。人为驱赶时，会倒地抽搐而死亡。

3. 剖检时，只见心脏呈桑椹样，皮下出血，心外膜紫红色，凹凸不平，诸浆膜有散在性出血点。

【**预防**】 本病来不及治疗，只有提前预防，才能杜绝本病发生。

对断奶仔猪，饲料中增加粉碎的花生秧、花生壳或作物秸秆粉末至日总量的 20%，从而提高机体内钾元素含量。紫云英干草粉添加至日总量的 5%，弥补硒元素的不足。

仔猪低血糖症

本病是初生仔猪营养性、代谢性疾病。病因是初乳不足，仔猪不能获得基本糖类，在饥饿情况下引起血液中含糖量过低。多见于出生后一周内的仔猪，发病率 60%，死亡率占同窝仔猪总数的 20%。

【**发病机制**】 初生仔猪体内能源是从母乳中获得的，自身还没有调节糖代谢能力。当乳汁不足和缺乏时，仔猪在饥饿的情况下，血糖贮备很快消耗殆尽。在没有能量来源，机体失去代谢能力时，首先表现神经系统紊乱，甚至危及生命。

【诊断要点】

1. 多在仔猪出生后第三天即出现症状，表现呆痴，惊厥抽搐，腹部缩小，肌肉震颤，走动困难，皮肤苍白。

2. 心跳缓慢无力，体温偏低，皮肤厥冷。

3. 严重时尖叫，口吐白沫，瞳孔散大，昏迷而死。

4. 剖检发现全身衰弱，皮肤肌肉松软，肠、胃腔中空虚，肝、肾呈土黄色，胆囊充满胆汁。

【预防】 孕后期给予母猪足够营养和适当运动量。临产三天和产后三天，减少精料，喂半量，供足麸皮饮水，才能保证产后奶水充足。

【治疗】

1. 用 10% 葡萄糖 10~15 毫升腹腔注射，1 天 2 次，连用 2~3 天。

2. 土单方：趁仔猪吮乳时，往母猪乳头上抹蜂蜜，1 天 2 次，每次轮流涂 10 分钟。

仔猪溶血病

本病是因猪初乳中含有能溶解仔猪红细胞的物质，仔猪一旦吃进这类初乳，很快出现自身血液溶解现象。贫血、黄疸和血红蛋白尿为本病特征。

【发病机制】 由于种公猪和配种母猪的遗传性血型不相符合，所产的下一代仔猪与其母猪乳汁存在着抗原反应。只要仔猪吃了其母亲的初乳，就会很快出现溶解血细胞现象。红细胞发生溶解后，被网状内皮细胞转变为胆红素，存在体液中，由肾排出，所以尿呈红色。

【诊断要点】

1. 个别仔猪出生时，无异常表现，精神活泼，但吃初乳数小时后突然起病，极度贫血，衰竭而死亡。

2. 大多数仔猪在吸吮初乳后第二天发病，表现没精神，全身寒战，皮肤开始苍白。1～2 天后变成黄染，尿呈透明的红色。呼吸疾速，第三天死亡。

3. 剖检见全身皮肤、内脏浆膜、皮下结缔组织及脏器全部黄染，肾肿大。

【预防】

1. 下次配种时更换种公猪。

2. 以往曾发生过该病的母猪，第二胎时在 48 小时内不能让新生仔猪吮乳。初乳汁可用吸奶器吸或挤出丢弃。

仔猪缺铁性贫血

仔猪贫血是指断奶前后发生的贫血病。特别是规模化养猪场，饲料单一化最多发生。尤其在寒冷季节和水泥地板的猪场呈群发性。

【发病机制】　仔猪发育和成长阶段，需要铁元素来合成血红蛋白，光靠奶水中所含的铁元素不能满足需要，只有从土壤中和补饲精料过程中获得所需的铁元素才能适应造血器官的需要，尤其在冬季缺乏青绿饲料的情况下最易发生本病。

【诊断要点】

1. 病初食欲大减，吮乳无力，多卧少起，走路摇摆。可视黏膜苍白，腹下部、肘部皮肤黄染，稍有运动就发喘。

2. 严重时耳壳灰白色，看不清血管，呼吸加速，哺乳停止，消瘦，昏迷，离群独卧不动。死亡率达 80% 以上。

3. 皮下松弛，结缔组织呈白胶冻样物，心血稀薄不凝固。横纹肌呈粉红色，心内膜有出血点，心肌扩张，胸、腹腔积水，腹腔内所有实质器官色淡。

【预防】

1. 加强怀孕猪的饲料管理，尤其孕后期多喂青绿饲料。

2. 仔猪哺乳期用红土块撒在地面，让仔猪自由采食或舔食。

【治疗】

1. 硫酸铜 1 克、硫酸亚铁 2 克、蜂蜜 200 克、常水 500 毫升，溶解后趁哺乳时涂抹在母猪乳头上即可，1 天 1 次，连用 3 天。

2. 葡萄糖铁钴注射液，一次肌内注射 1 毫升。

骨 软 症

本病多见于仔猪和孕母猪，其他猪较少见到。仔猪是由于饲料搭配不当，缺乏钙、磷，缺乏阳光照射，而母猪发病则是由于饲料单一，缺乏青绿饲料，尤其麸皮含量少，再加泌乳期体内消耗钙元素多而引起该病发生。

【发病机制】 饲料单一，饲料中磷、钙含量不平衡，尤其在缺乏阳光照射的情况下维生素 D 不能合成，形成恶性循环，是怀孕母猪发生骨软病的根源。因为胎儿生长发育需要磷、钙来合成骨骼；加上乳汁的分泌，更需要较多磷、钙，这就加速骨软症的形成。而仔猪主要发生于断奶后这个阶段。因为由哺乳转变成吃饲料，得有个适应过程，加上此时又是寄生虫危害最严重的时期，又是生长发育最快的时期。这时磷钙供应不足、不协调、不平衡，加上气候变化，如寒冷、缺乏日光照射，是引起仔猪佝偻病的根源。

【诊断要点】

1. 孕母猪患病后，初期表现异食癖，爱啃墙根、砖石。食量渐减，不久即出现多卧少起，四肢不灵活，常采取俯卧姿势，甚至行走困难。尾巴末梢处尾椎骨变柔软或消失。

2. 断奶后仔猪多见食欲逐渐下降，前肢难以负重，甚至跪地而行。前肢腕关节肿大，站立时前肢变形弯曲，呈"O"字形或"X"字形，头部浮肿。

【预防】 对怀孕母猪，尤其孕后期和哺乳猪及断奶后仔猪，增加营养，多喂青绿多汁饲料，配好钙、磷比例，增加运动，多晒太阳。

【治疗】

1. 怀孕母猪可用维丁胶性钙注射液按 100 单位/千克体重，一次肌内注射，隔日一次，连注 3~4 次。仔猪每次肌内注射 1 毫升，隔日一次，连注 3 次。

2. 给猪补饲鱼肝油，按每天 400 单位/千克，连喂一周。

提示 本病快速确诊方法：猪尾巴尖的尾椎骨软化 2~4 厘米，严重时尾尖椎骨消失。

硒缺乏症

本病又叫"白肌病"，是一种仔猪营养代谢障碍病。特征是仔猪会突然死亡，心肌和骨骼肌坏死，外观像煮熟的肉一样呈灰黄色。本病的发生与体内缺乏微量元素硒和维生素 E 有直接关系。

【发病机制】 本病发生有明显地区性。沼泽盐碱地区所产的农作物秸秆和种子含硒量高；有些植物如紫云英草，属富硒植物；还有豆科植物含硒较多。深山地区的酸性土壤和禾本科植物含硒最少。饲料的来源不同，作物的种别不同，和本病发生都有直接关系。工业废气污染地区，空气中的硫元素过高时，这些地区农作物中含硒也少。地下水含硒量与以上也是一致的。所以要控制本病发生，要从富硒与贫硒的地下水，地上植物综合分析、对比来搭配饲料，才能从根本上解决。

另外，硒与维生素 E 在保护组织细胞的完整性上起着不可替代的作用——抗氧化作用。仔猪的生长发育迅速，代谢旺盛，细胞增殖快，势必氧化强烈，就需要更多的硒和维生素 E 来保护细胞的完整性。这就是仔猪易缺硒的主要原因。

【诊断要点】

1. 本病发生有明显的季节性，多发生在寒冷的枯草季节。

2. 地区性强，酸性土壤地区、沙状黄土、水土流失严重地区多发（该地区水和饲料以及农作物秸秆中含硒最低）。

3. 同窝仔猪中，发育良好，膘肥肉胖的仔猪一般最多发病。

4. 强烈刺激后，突然发病，倒地死亡。

5. 颈、胸、腹下皮肤常出现紫斑，运动姿势异常，走路摇摆。

6. 皮下浮肿，眼睑水肿，心律不齐。

【预防】 根据硒元素来源，从饮水与饲料来源、饲料品种，合理搭配，必要添加含硒饲料添加剂。

【治疗】

1. 肌内注射 0.1%亚硒酸钠注射液，一次 1~2 毫升。

2. 土单方：补饲紫云英干粉。

锌缺乏症

本病又叫"皮肤不全角化症"。主要是饲料中含锌量不足，加上慢性胃肠病，特别是腹泻，影响锌元素的吸收，导致本病发生。特征是非炎性皮肤病和母猪性周期紊乱。本病发病率很高，但多被人们忽视。

【发病机制】 锌在机体新陈代谢过程中起媒介作用，动物酶系统多由锌参与和合成。当机体缺锌时，含锌酶活性降低，蛋白代谢障碍，细胞分裂再生缓慢，出现生长发育停滞。锌是味觉组成部分，缺乏锌势必食欲下降。锌缺乏时，精子生成减少，性欲下降，皮肤胶原合成减少，易干燥龟裂。

【诊断要点】

1. 猪的股内侧和四肢关节部位皮肤出现对称性红斑，继而变成成片的皮肤，增厚，易脱落鳞片，无痒感。

2. 被毛粗乱，易脱落，严重时，变成无毛猪。脱毛处皮肤覆盖一层灰白石棉样物。皮肤干燥变厚，失去弹性。出现角化不全。

3. 母猪假发情，屡配不孕。公猪睾丸变小，性欲低落。已孕猪所产仔猪明显长骨短缩，并出现死胎和畸形胎儿。

【预防】

1. 保持饲料搭配合理多样化，增加青绿饲料。

2. 饲料中的钙锌保持在 100∶1，每吨饲料必须补硫酸锌 180 克。

【治疗】

1. 肌内注射碳酸锌 2~4 毫克/千克体重，1 天 1 次，连用 5 天。同时内服硫酸锌，每只猪每天 0.2~0.3 克，连喂 10 天。

2. 土单方：①在饲料中添加辣椒根少许，日久即愈。②电焊条柄头放在水中浸泡后，将水加入饮水中饮用。

铜缺乏症

猪的铜缺乏症，不论农村散养猪户或规模化养猪场均有发生。特别是缺乏有机质的沙土地区和沼泽地区最易发生本病。另外，高钼地区也是本病的高发地区。缺铜的特征是贫血，运动障碍，关节畸形，被毛褐色。

【发病机制】 铜是参与血液代谢的激活剂，同时也是组成机体酶系统不可缺少的元素。大脑和脊髓反射传导过程，铜元素也起着不可替代的作用。一旦机体缺铜，造血器官和神经系统都会出现严重的病理变化。如缺铜性贫血、运动神经障碍、血红蛋白合成受阻、红细胞减少性贫血。

【诊断要点】

1. 顽固性腹泻，食欲不振，生长缓慢，可视黏膜苍白。

2. 被毛粗乱无光泽而大量脱落，被毛颜色由深变浅，由黑变红。

3. 生长缓慢，关节变形，走动摇摆，很容易跌倒，关节肿大，行走不敢负重。

4. 严重时，后躯麻痹。

5. 剖检见内脏实质性脏器表面黄色素沉着。

【预防】 高产、高水、高化肥而缺乏有机肥料地区所生产的饲料，每吨饲料加硫酸铜 500 克，在钼矿地区，尤其要补饲硫酸铜。

【治疗】 在饮水中加入 1‰ 硫酸铜，连服 3 天，间隔 3 天再饮 3 天即可。

锰缺乏症

本病又叫"骨短粗病"，呈区域性发生。主要是土壤中含锰过少，所以植被中含锰更低，不能满足猪的生长需要。本病特征是怀孕母猪所产仔猪四肢短粗，运动失调。

【发病机制】 锰是动物血液及内分泌系统，特别是促生长素和胰脏的组成元素之一。当缺乏锰时，生殖障碍，生长停滞，新陈代谢紊乱。锰元素参与机体黏多糖合成，当缺锰时，黏多糖锐减，而黏多糖是合成软骨的原料，故会导致软骨生长受阻。锰还是胆固醇合成的激活剂，胆固醇合成受阻，直接影响性激素合成，出现生殖障碍。

【诊断要点】

1. 繁殖功能障碍。胎儿发育受阻，首先是骨骼发育不全，四肢骨短粗，产后仔猪弱小，震颤，站立困难。断奶仔猪生长缓慢，行走拙笨，类似佝偻病。

2. 适龄母猪性成熟延迟，乳房萎缩不发育，即使发情也不排卵，久配不孕。

【预防】 在缺锰地区，如红土壤且水土流失严重以及光靠施化肥不施有机肥（沤肥、人畜粪便）、高水肥、高产地区，在配制饲料时应添加硫酸锰，添加剂量为每吨饲料加 12 克。

【治疗】 每周饮一次高锰酸钾水，配比是（1∶3000）。

维生素缺乏症诊断鉴别

名称	代号	缺乏后症状	防治措施
维生素 D	VD	腿骨发育畸形，减食，瘦弱，有时肌肉抽搐	补饲骨粉、鱼粉、鱼肝油，多晒太阳
维生素 K	VK	贫血，黏膜易出血，食欲下降	控制内服大剂量化学药品，补饲青绿饲料，内服维生素 K 片
维生素 B_6	VB_6	皮肤异常，神经紊乱，有时癫痫样发作，有时全身抽搐	补饲青饲料，内服维生素 B_6 片
维生素 B_{12}	VB_{12}	生长缓慢，贫血，皮肤粗糙	补饲糟类饲料，如酒糟、醋糟、青饲料
泛酸	VB_5	皮肤粗糙，被毛稀少，贫血，肌无力	补饲苜蓿粉，内服泛酸片
叶酸	VM	泌乳减少或泌乳停止，下痢	补饲青绿饲料、多汁块根饲料，内服叶酸片
生物素	VH	皮肤角化，脱毛缓慢，尤其绒毛不易脱落	补饲糖类饲料、花生壳粉
鱼肝油	VAD	创伤溃疡面久不愈合，创缘贫血，呈紫红色	补饲南瓜、胡萝卜，内服鱼肝油
复合维生素	CoB	肝肿大，脂肪化，妊娠中毒反应严重	补饲氯化胆碱，内服维生素 B 复合剂
偏多酸	辅酶 A	食欲不振，运动失调，皮肤出现结节	仔猪饲料中应添加鱼粉

提示 维生素是机体生命活动中的调节剂，新陈代谢的重要催化剂，虽然需要量不多，但缺乏后就会出现病态。维生素的主要来源是野外的绿色植物。对于现代规模化封闭式养猪场，防止维生素缺乏症发生就显得更加重要，不可忽视。

微量元素缺乏与中毒

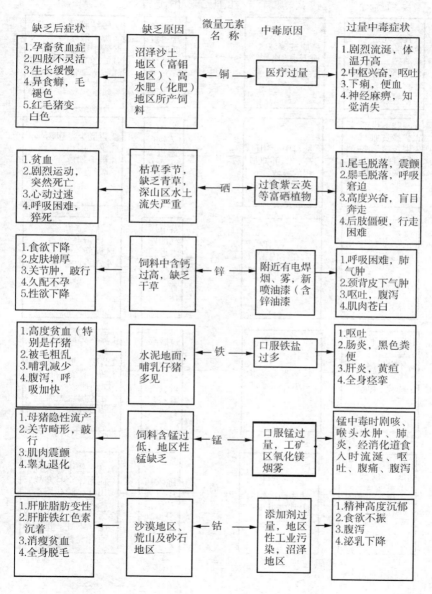

缺乏后症状	缺乏原因	微量元素名 称	中毒原因	过量中毒症状
1.孕畜贫血症 2.四肢不灵活 3.生长缓慢 4.异食癖，毛褪色 5.红毛猪变白色	沼泽沙土地区（富钼地区）、高水肥（化肥）地区所产饲料	铜	医疗过量	1.剧烈流涎，体温升高 2.中枢兴奋，呕吐 3.下痢，便血 4.神经麻痹，知觉消失
1.贫血 2.剧烈运动，突然死亡 3.心动过速 4.呼吸困难，猝死	枯草季节，缺乏青草，深山区水土流失严重	硒	过食紫云英等富硒植物	1.尾毛脱落，震颤 2.鬃毛脱落，呼吸窘迫 3.高度兴奋，盲目奔走 4.后肢僵硬，行走困难
1.食欲下降 2.皮肤增厚 3.关节肿，跛行 4.久配不孕 5.性欲下降	饲料中含钙过高，缺乏干草	锌	附近有电焊烟、雾，新喷油漆（含锌油漆）	1.呼吸困难，肺气肿 2.颈背皮下气肿 3.呕吐，腹泻 4.肌肉苍白
1.高度贫血（特别是仔猪） 2.被毛粗乱 3.哺乳减少 4.腹泻，呼吸加快	水泥地面，哺乳仔猪多见	铁	口服铁盐过多	1.呕吐 2.肠炎，黑色粪便 3.肝炎，黄疸 4.全身痉挛
1.母猪隐性流产 2.关节畸形，跛行 3.肌肉震颤 4.睾丸退化	饲料含锰过低，地区性锰缺乏	锰	口服锰过量，工矿区氧化镁烟雾	锰中毒时剧咳、喉头水肿、肺炎，经消化道食入时流涎、呕吐、腹痛、腹泻
1.肝脏脂肪变性 2.肝脏铁红色素沉着 3.消瘦贫血 4.全身脱毛	沙漠地区、荒山及砂石地区	钴	添加剂过量，地区性工业污染，沼泽地区	1.精神高度沉郁 2.食欲不振 3.腹泻 4.泌乳下降

缺乏后症状	缺乏原因	微量元素名称	中毒原因	过量中毒症状
1.甲状腺肿大 2.食欲亢进 3.死胎、无毛胎 4.消瘦 5.骨骼发育不良	高原贫碘地区，地下水和植物含碘量低	碘	口服碘盐过量，低凹盐碱地区	1.眼结膜充血、发炎，眼屎多 2.粪中带血 3.心肺功能下降 4.呼吸加快
1.四肢不灵活 2.孕猪贫血 3.生长缓慢 4.异食癖 5.泥炭痢（黑泥大便）	饲料中含钼过高，铜可抑制钼的吸收	钼	炼钼、炼钢厂附近，采食高钼饲料	1.贫血 2.胃肠炎，腹泻 3.泌乳停止 4.被毛褪色 5.跛行
贫血	铅在体内蓄积多，一般不易缺乏	铅	蓄电厂、汽油库附近，含铅油漆、沥青、油毡	1.流涎 2.腹泻 3.癫痫 4.强直性痉挛
1.牙齿生长缓慢 2.牙齿易碎、掉块 3.易发生龋齿	长期饮用河水、雨水，缺氟地区	氟	过磷酸钙厂、炼铝厂、火山附近，含氟石灰、石粉	1.影响钙离子吸收和沉淀 2.骨骼变形，跛行 3.新生仔猪四肢僵硬 4.牙齿出现黑斑 5.肋骨肿大
1.骨质疏松、食欲下降，四肢不灵活 2.血尿，可视黏膜苍白	缺磷地区饲料中麸皮过少	磷	除农药中毒外，其他很少见到	1.有机磷中毒表现流涎，全身寒战、出汗，瞳孔缩小，腹泻 2.无机磷中毒表现烂嘴，呕吐，排泻物有蒜臭及荧光

母猪咬仔癖

母猪分娩后，不关心仔猪，失去爱仔本能，甚至讨厌仔猪，不让仔猪吮乳，听仔猪鸣叫就用嘴挑向旁侧，甚至啃咬仔猪，已成为繁殖母猪的难题。

【发病机制】 据观察，笔者认为引起这种反常现象有以下原因：

1. 本来母猪分娩是本能，无须人为协助，但是由于畜主担心母猪会压死仔猪而过多干扰母猪分娩过程，引起母猪反感，异常兴奋，当听到仔猪鸣叫，就啃咬仔猪。

2. 由于母猪分娩前没有饲养好，产程过长，母猪在饥饿时采食羊水和胎衣，因仔猪和胎衣具有同样腥气，进一步误食仔猪，从客观上来说母猪是不会发生食仔的，但是各种强烈刺激，引起母猪异常兴奋、神志错乱才有可能发生这种异常行为。实际上这是母猪的特异性的反应。

【诊断要点】

1. 本病多发生于头胎母猪，一般经产母猪很少发生。

2. 母猪不关心所产仔猪，听到仔猪鸣叫突然站立，用嘴将仔猪挑到一边。

3. 产房周围不安静，有噪声，刚分娩母猪兴奋不安，起卧不定，见仔猪就啃咬。

4. 乳房过敏症。只要仔猪接近乳房，母猪就突然站立，不让仔猪接近乳房。

【预防】

1. 分娩前用麸皮水让母猪自饮。

2. 保持产房安静，防过多刺激仔猪，防止仔猪惊叫。

3. 及时清除胎衣，防止母猪吃胎衣。

【治疗】 氯丙嗪按 2 毫克/千克体重，一次肌内注射。

瘦母猪综合征

本病是繁殖母猪特有的营养衰竭症。病因为带仔泌乳疲劳，多发生于老年母猪，3~4胎次的母猪也有发生。一般分娩前后一切正常，一胎产仔猪在10~14头时，发病时间多在产后15天以后。特征是断奶后母猪极端消瘦、厌食、长期不发情。发病率占繁殖母猪的6%~7%，死亡率达85%以上。即使不死，病程长达2~3个月，康复很慢。

【发病机制】 当仔猪15日龄后，随着仔猪体重增加，食量变大，而母猪泌乳能力并不能增加，满足不了仔猪需要，仔猪在吃不饱的情况下，只有增加吃奶次数。因母猪乳汁供不应求，又不能很好休息，这样下去母猪体力消耗过多，食欲日减，体重减轻，乳汁分泌更加减少，形成恶性循环。最后仔猪饥饿消瘦，母猪瘦到难以站立行走。

【诊断要点】

1. 多发生于寒冷季节或炎热的夏季和产仔较多的母猪，老年母猪多见。因为冬季仔猪热能消耗多，饥饿快，食奶量大。而夏季则是水分蒸发量大，仔猪因渴而增加吮乳次数。

2. 母猪常俯卧，拒绝仔猪吮乳。

3. 母猪食量日渐减少，无食欲，大便干燥，日渐消瘦，腹部萎缩，乳房变小。

4. 全身皮肤松软、有皱褶，被毛脱落，皮屑增多，可视黏膜苍白，严重时卧地不起。

【预防】

1. 仔猪提前"开食"，7日龄给糊状熟食或乳猪颗粒料。糊状熟食配方是：玉米面1/3，小麦面1/3，红薯面1/3，麸皮少许。混合煮熟成稠糊状，待凉后成块状，加2/3的凉水倒入猪食槽中，让其自由采食。

2. 从仔猪25日龄开始，白天母仔分开，夜间让仔猪吃奶。30日龄开始彻底断奶。规模猪场也可在 3 周龄左右断奶。

【治疗】

1. 维生素 B_{12}、维丁胶性钙各 5 支混合一次肌内注射,隔日 1 次,连用 3 次。

2. 中草药:党参、白术、云苓、甘草、当归、黄芪各 30 克,煎汁内服,1 天 1 剂,连服 3 剂。

3. 土单方:①艾叶 100 克,煎汁 1000 毫升,另加香油 30 克,一次喂给,1 天 1 次,连喂 5 天。②茶叶 10 克、红糖 20 克、生姜 20 克,煎水待凉后加食醋 50 毫升让其自饮或喂服,隔日 1 次,连服 3 次。③鲜萹蓄 60 克、蜈蚣 2 条共研碎,混饲即可。

4. 针灸:主穴为六脉,配穴为山根。

仔猪先天性震颤

本病是仔猪出生后周龄内发生的病。症状是全身性或局部肌肉抽搐。整窝仔猪发病,也有个别发病,有的仔猪未见异常。严重病例由于全身震颤无法吮乳而很快死亡。

【发病机制】 关于本病的发病原因,国内外研究者很多,均无可靠结论。至今多数认为与遗传有关。也有人认为,母猪在妊娠期间营养不良,致胎儿小脑发育不全。但这种观点不能让人信服,还有待于今后继续探讨。

【诊断要点】

1. 仔猪出生后数小时,即见部分仔猪出现震颤,后来多数猪出现同样症状。特征是静卧时震颤停止,兴奋时如走动、吮乳时震颤加重。

2. 体温、呼吸均正常,由于震颤、抽搐,几乎吮乳困难。

3. 走动时,由于后躯震颤,呈跳跃式步态,球关节强直,四蹄尖点地。

4. 部分猪几天后可自愈，重症的因无法吮乳而很快死亡。死亡率占全窝的30%左右。

【预防】　只有加强管理，如尽量人工协助让其吃到初乳，母仔分开，防止因仔猪行动不便、躲避困难而被母猪踩压致伤。

【治疗】　0.1%亚硒酸钠0.5毫升、10%氯化钾注射液1毫升，一次皮下注射，可减轻症状，加快康复。

后躯不完全麻痹

本病是猪常见病，病因复杂，育肥猪、青年猪最多发生。主要病因是腰脊髓被外力挫伤、肾虫病和风湿等。特征是突然发病，拖着后腿走动，但后腿知觉仍有反应，排尿仍能自主。

【发病机制】　在饲料搭配不当，磷、钙缺乏或不平衡时，最易发生此病。稍有外力撞击和剧烈运动，就会出现后肢不完全麻痹，其他无生理明显变化。如体温、饮食、呼吸循环均正常。

【诊断要点】

1. 大多数猪突然出现后躯麻痹，不能站立。体温正常，也有开始后肢软弱，而后渐渐发展成后肢不能站立。食欲正常、尾巴反应正常。

2. 腰部无明显断裂，局部无肿胀，当提起后躯和尾部时，后肢无力支持后躯，可排除腰脊完全断裂。

3. 突然患病，膘情良好，生长发育正常，后肢不能站立走动，可排除肾虫病。

4. 体温正常，精神良好，可排除病毒和细菌性传染病。

【预防】

1. 主要是合理搭配饲料，防止伤湿及贼风侵袭。注意圈舍干燥。

2. 防止猪拥挤，单圈存猪不可超过三头，防止猪角斗。

【治疗】

1. 肌内注射戊四氮 50 毫克、泼尼松 10 毫克（60 千克体重的剂量）。

2. 皮下注射硝酸士的宁 1~2 毫克（60 千克体重）。

3. 针灸：火针，百会、汗沟穴。

中　暑

在家畜中猪是耐寒恶热的家畜之一，尤其育成肥猪最怕热。往往由于气温过高，猪难以忍耐，患热射病而很快死亡。特征是张口伸舌，呼吸困难，全身抽搐而死亡。

【发病机制】　猪的皮下脂肪丰富，汗腺不发达，体温调节功能不完善，这是猪发生热射病较多的主要原因。当缺乏饮水，躯体肥胖，过于拥挤，强烈的应激（运输）等，可促使本病发生。体温超过 40℃以上，新陈代谢旺盛，呼吸浅表，蛋白分解加速，氧化不全，代谢产物蓄积量大，脑内压升高，神志昏迷，心力衰竭，全身痉挛可危及生命。

【诊断要点】

1. 多发生在夏季中午，气温在 37℃以上日光直射，加上长途运输拥挤时，最多发生。

2. 张口喘气，大量流涎，口吐白沫，兴奋不安，耳根、腹下灼热，呼吸急促，瞳孔散大，站立不稳，行走时东倒西歪。

3. 可视黏膜发绀，第二心音消失，呼吸节律紊乱，眼结膜充血，体温升高至 43℃以上，病情急剧，病程很短。

4. 突然发病，死亡很快。

【预防】　做好防暑降温，避免直射阳光。需要运输的可采取夜间进行，供足饮水，添加食盐。

【治疗】

1. 立即用常水喷洒地面，保持安静，冷水灌肠。

2. 用乙醇喷洒头部和全身。

3. 肌内注射氯丙嗪2~3毫升。

4. 六一散20克、藿香正气水5毫升，一次灌服，1天1次，连服3天。

5. 草药：茯神10克、朱砂2克、远志10克、藿香20克、黄连10克煎水，一次内服。

6. 针灸：天门、鼻中、耳尖、尾尖穴。

癫　痫

癫痫俗称"羊角风"，为短暂的大脑功能失常而致全身性、一时性抽搐性疾病。病因主要是脑部血管畸形和遗传性脑病，另外是脑腔寄生虫。特征是：突然倒地抽搐，口吐白沫，知觉消失，片刻恢复如无病一样。

【发病机制】　当受到外界某种刺激，大脑出现局部脑血管痉挛，引起大脑一时性贫血或脑部缺氧，发生强烈的全身性强直性痉挛，血压突然升高。大脑的局部血管痉挛解除后，很快恢复正常。

【诊断要点】

1. 每次发作前呆立不动或奋起奔走，突然倒地，全身强直性痉挛，瞳孔散大，呼吸停止，口鼻发绀，头向后仰，牙齿咬动，口吐白沫，大小便失禁。片刻停止痉挛，站起呆立。

2. 突然站立不动，两眼凝视，四肢发抖，如木马样，牙关紧咬，大量流涎。片刻解除发抖，呆立一隅。

3. 突然站立不动，四肢挛缩、蜷曲，有规律发抖，停止呼吸，皮肤苍白、末端青紫。片刻停止蜷曲，站立起来如无病一样。

【治疗】

1. 捕癫灵（麦苏林）按 10 毫克/千克体重一次内服，1 天 1 次，连服 3 天。

2. 寄生虫癫病可用吡喹酮按 60 毫克/千克体重一次内服。

3. 草药：当归 20 克、僵蚕 10 克、天麻 10 克、全蝎 10 克、远志 10 克、朱砂 12 克煎汁，一次内服。

4. 土单方：胆星 10 克、白矾 5 克共研末，一次内服，1 天 1 次，连服 3 天。

5. 黄瓜藤 30 克煎汁一次内服。

6. 针灸：山根、八字、天门穴。

排尿困难

本病不是单一的泌尿系统某个部位的疾病，而是一种泌尿系统的综合症状。特征是一时难以定位的极为常见的排尿困难。多发生于断奶后的仔猪和育肥期的青年猪，发病率不高，但死亡率很高。

【发病机制】 本病多发生于去势后的公猪，母猪极少见到。从病因分析，主要是膀胱以下的尿路炎症，引起尿路渗出增加，管腔肿胀，促成尿路变细，甚至堵塞。尿路中异物积聚，包括尿结石、炎性渗出物、前列腺炎症、膀胱口堵塞等，导致尿液不能及时排出，膀胱被过多尿液蓄积而扩张，甚至麻痹，出现尿中毒而死亡。

【诊断要点】

1. 前列腺炎症，表现尿液正常，但排尿时间延长，出现间断性排尿，多次排尿持续时间在半小时以上。

2. 尿结石性堵塞症，表现尿液多数无变化，但排尿困难，尿呈滴状，尿道口积有白色固体物。有长期食用棉籽饼和麸皮史。

3. 尿路炎症，表现为尿液黏稠、混浊，并且含有血丝。

【治疗】

1. 抗菌利尿：呋喃妥因 0.2 克、乌洛托品 1 克、小苏打 10 克，一次内服（适合膀胱炎）。

2. 醋酸钾 3 克、小苏打 10 克、海金沙 3 克，一次喂给（适合尿结石）。

3. 吲哚美辛 2 毫克/千克体重，1 天 1 次内服。

4. 中草药：①地骨皮 30 克、瞿麦 30 克、车前子 30 克，煎服（适合前列腺病）。②通草、竹叶、车前子各 10 克，煎水混饮。

5. 土单方：①看谷老（白色病谷穗）20 克、竹叶 20 克，煎水混饲，连喂 5 天。②瞿麦 100 克，煎汁混饲，连喂 3 天。

尿　路　炎

尿路炎是指从肾脏输尿管以下至膀胱，由膀胱下口至尿道口这部分的炎症。以排尿异常、排尿困难、排尿疼痛为特征。

【发病机制】　凡对尿道有刺激性的毒素和药物，经尿道排泄时对尿道造成伤害，如机体本身代谢产生的毒素和感染性疾病、微生物产生的毒素以及有刺激性的药物如松节油和芫菁等引起尿道充血肿胀，使尿道腔变细，加上炎性渗出物的存在，严重影响尿液通过，导致膀胱积尿，甚至发生尿毒症。

【诊断要点】

1. 排尿时用力努责，排尿次数增多。

2. 排出的尿颜色重、浓度高、黏稠。

3. 尿道中含有黏液和血液，尿道肿胀，触之有痛感。

4. 严重时食欲大减，精神沉郁，呆立一隅。

【预防】　凡内服对尿道有刺激性的药物，要供足饮水，如有挥发性的从尿道排泄的物质（磺胺类药物和松节油、樟脑等）。

【治疗】

1. 呋喃妥因 0.2 克、乌洛托品 0.1 克、小苏打 10 克，一次内服，1 天 2 次，连服 3 天。

2. 中草药：瞿麦、木通、萹蓄、黄檗各 15 克，云苓 10 克，一次煎服，1 天 1 次，连服 4 天。

3. 土单方：①地骨皮、车前子各 30 克煎汁拌饲，1 天 1 次，连喂 3 天。②车前草 400 克，焙干研末，混饲 4 天。③侧柏叶、柳树枝各 50 克，煎水混饮。

肾 盂 炎

肾盂炎是肾脏的皮质和髓质的炎症。常继发于膀胱炎，老年母猪多见，育肥猪也有发生。特征是尿生成和排出发生障碍，全身性水肿和出现尿毒症，外观腰脊拱起。

【发病机制】 引起本病的原因有棒状杆菌、链球菌以及中毒性疾病的毒素经肾排泄时，刺激肾脏引起充血肿胀、功能障碍，使尿的生成和排泄发生严重障碍。过多的尿素蓄积在组织间引起氨中毒，即尿毒症。

【诊断要点】

1. 病初饮、食欲大减，腰部疼痛，日渐消瘦，凹腰拱背，后躯僵硬，尿液减少、浓度增加、混浊、内有絮状物，有时尿中混有血液。

2. 全身皮肤皮薄松软处，如眼皮、肘后、腹下部出现水肿，尤其颌下、阴囊下水肿严重。

3. 体温一般正常，但心音强大，心音分裂，出现缩期性杂音。

【治疗】

1. 呋喃妥因每次 0.1~0.2 克，一次内服，1 天 2 次。

2. 中草药：萹蓄、瞿麦、二花、蒲公英、秦艽各 30~60 克煎服，1 天 1 次，连服 7 天。

3. 土单方：①玉米须 100 克、红糖 150 克煎服。②金钱草、鲜芥菜各 100 克，煎水拌饲。③升华硫黄 5～10 克一次内服，连服 2 天。④河芹菜、小蓟各 200 克煎汁，一次内服，1 天 1 次，连服 5 天。

5. 外灸：主穴为断血、百会，配穴为山根、六脉。

提示　在饲料中禁止添加食盐。

化脓性肾炎

本病是由葡萄球菌和肾棒状杆菌共同作用引起的肾病。以腰部剧痛和运动障碍为特征。发病最多的是繁殖母猪和断奶后仔猪，青年猪很少见到。

【发病机制】　本病起因多见于某些病毒性传染病和中毒性疾病破坏了肾脏的屏障，细菌得以大量繁殖。由于化脓菌的增殖，压迫肾囊产生剧痛，致使病猪食欲大减，体温升高，新陈代谢紊乱，运动异常，甚至后肢无力及不完全麻痹。进一步影响尿的生成和排出障碍，出现全身性脓毒败血症及尿毒症。

【诊断要点】

1. 体温升高至 40～41℃，饮食大减，被毛逆立，全身震颤，呆立一隅。

2. 脊背拱起，腰硬腿僵，行走时步态紧张，双后肢拖行。

3. 尿液混浊，尿中混有云絮状物。

4. 本病多为单侧性肾病，很少双肾同时发生脓肿。

【治疗】

1. 青霉素 160 万～240 万单位一次肌内注射，1 天 2 次。

2. 螺旋霉素 20 毫克/千克体重一次内服。

3. 0.5%环丙沙星 0.5 毫升/千克体重一次肌内注射，1 天 1 次，连用 3 天。

膀 胱 炎

本病指膀胱黏膜表层或深层的浆液性或化脓性炎症。以尿频、排尿疼痛和尿液混浊为特征。

【发病机制】 膀胱是暂时储存尿液的地方。它从构造上看像个大囊，有上口（进口），也有下口（出口），从病因来说，由肾进入膀胱的尿液中主要有刺激性、挥发性的物质，如樟脑、芫菁、蕨菜、松节油，可引起膀胱肿胀发炎。从尿道口也可进入膀胱内的微生物，如棒状杆菌、链球菌同样能感染膀胱，使其发炎化脓。由于膀胱中炎性产物的刺激作用，反射性地出现尿频、尿急而无尿排出。膀胱癌变则是蕨菜慢性中毒引起的。

【诊断要点】

1. 病初表现排尿频繁，排尿疼痛不安，排尿时下蹲，弓背努责，甚至出现呻吟。

2. 排出的尿液量少，不成线流而呈滴状，且尿液黏稠，混有血液和脓液。

【治疗】

1. 青霉素 320 万单位、链霉素 200 万单位，注射用水 10 毫升，一次肌内注射，1 天 2 次，连用 3 天。

2. 中草药：①赤芍、瞿麦、公英、灯芯、萹蓄各 20 克煎服，1 天 1 剂，连喂 3 天。②若系母猪，可用 0.1%的雷佛奴尔冲洗膀胱后同时注入 10%磺胺嘧啶 20 毫升。

3. 土单方：臭椿子 30 克，研碎拌饲，1 天 1 次，连喂 3 天。

提示 快速诊断：接病猪尿少许，用 pH 试纸检验，若尿的 pH 值呈酸性反应，即为阳性。

血　尿

这里指的血尿是指泌尿系统无炎性变化，并且也没有明显全身症状，但日久会引起贫血和生长缓慢。

【发病机制】 机体在极度消瘦的情况下，营养又跟不上，尽管食欲增加也会出现血液通透性改变。如妊娠后期和蕨类中毒，均会出现这种病理现象。泌尿系统某个部位慢性渗出性出血也属这个范围。

【诊断要点】

1. 孕后期腹部过度膨大，羊水过多，腹围扩张。尿呈鲜红色。

2. 水中毒，干渴缺水，突然饮水量过多，突然发病。尿呈橘红色。

3. 肾型：血尿呈黑褐色，颜色和尿均匀混合呈透明且不混浊，为真性溶液，没有可见颗粒（丁铎尔现象）。尿呈暗红色。

4. 膀胱型：每次排尿末了阶段，就出现血尿，呈红色并有血丝和颗粒物。尿呈红色。

5. 尿道型：每次排尿起始阶段，就先出红色血块或血丝，并且呈鲜红色，后段尿逐渐变成无色透明。尿呈鲜红色。

后三个类型的血尿，并非经常性，而是偶有发生，呈间歇性出现。

【治疗】

1. 肌内注射维生素 K_3 20～40 毫克。

2. 10%氯化钙 20 毫升，5%葡萄糖 300 毫升，一次静脉注射。

3. 中草药：当归 20 克、瞿麦 20 克、赤芍 20 克、血余炭 5 克、阿胶 10 克，一次混饲，1 天 1 次，连喂 3 天。

4. 土单方：小蓟（鲜）30 克、韭菜 20 克，捣碎为泥状拌饲，1 天 1 次，连喂 3 天。

提示 丁铎尔现象，即将血尿装入玻璃瓶中，用强光从旁侧照射瓶内尿液，若在尿液中无颗粒出现，即为阴性，若有即为阳性。

尿结石

本病是在尿液的化学成分改变及酸碱不平衡的情况下，肾和膀胱中生成不溶性物质——结石。以机械性堵塞排尿管道，使尿的排出障碍，最后转化成致死性尿毒症而危及生命。

【发病机制】 主要病因是长期饲喂棉籽饼和单一饲喂小麦麸皮。棉籽饼的有毒成分是棉籽酚，该物质能阻止维生素 A 的吸收，引起机体因缺乏维生素 A 而出现上皮细胞脱落，成为尿中无机盐结晶的核心，促成结石形成。小麦麸中含磷酸盐，当长期单一以小麦麸作为主食喂猪，会使体内磷酸盐蓄积过多，和尿素结合成不溶性钙盐而形成结石。

【诊断要点】

1. 有长期饲喂棉籽饼和单一喂麸皮史。

2. 尿道口经常有白色固体附着物。

3. 频频排尿，尿流出时不呈喷射状而呈滴状且排尿用力努责，有疼痛感。日渐消瘦，减食。

4. 排尿困难，呈周期性，时重时轻，严重时，食欲废绝，全身水肿。

【预防】

1. 棉籽必须脱毒后再喂猪，且不得超过日量的 10%。

2. 麸皮是喂猪的好饲料，但绝不能长期单一饲喂。

【治疗】

1. 醋酸钾 3 克、小苏打 10 克、海金沙 3 克一次喂猪，1 天 2 次，连喂 5 天。

2. 土单方：①柳树根（水中的红根）60 克、玉米须 20 克，焙干混饲，连喂 5 天。②血余炭 1 克、米醋 200 毫升混饲，1 天 1 次，连喂 5 天。③白菜根 120 克，混饲，连喂 5 天。

提示　笔者从事兽医 50 多年来，遇上两种病因引起的尿结石，从诊治、剖检无一不符。其中有一农户用单纯麸皮和土面喂猪，几乎百分之百发生本病。

睾 丸 炎

本病是睾丸的实质性炎症，是种公猪的常发病，多为单侧性，很少见到双侧睾丸同时肿胀。以睾丸部肿大、增温、下垂，阴囊下部水肿为特征。

【发病机制】　原发于睾丸外伤，如砸伤、打伤、角斗、碰伤等。也有继发于某些传染病，如布氏杆菌病等。在病因作用下，引起睾丸内血液循环障碍，表现渗出增加，充血肿胀，体积扩张。如不能及时消除炎症，会引起全身性反应，如体温升高，性功能障碍，甚至睾丸萎缩，丧失种用价值。

【诊断要点】

1. 外观睾丸肿大下垂，触之坚硬，有炽热感和疼痛感，行走时后肢拘束。

2. 严重时体温升高，鼠蹊淋巴结肿胀，食欲大减，整个阴囊水肿。

【治疗】　除了针对病因治疗原发病之外，对局部治疗的原则是：

1. 炎症初期（渗出期）可用冷敷法。仙人掌、白矾适量共捣为泥状外敷。

2. 两天后用兽用消炎粉（复方醋酸铅）加水调糊外涂抹。

3. 先锋霉素 1.5 克，溶于 5% 葡萄糖 300 毫升，一次静脉滴注。

4. 0.25% 利多卡因 20 毫升、青霉素 160 万单位封闭阴囊根部。

仔猪咬尾病

本病是断奶后仔猪遭受极强刺激后，产生的一系列抗逆反应。主要发生于 20 千克重左右的小猪。特征是只要发生一个猪的尾巴被咬流血，接着就会发生一个接一个相互咬尾的现象。

【发病机制】　凡是能引起猪感觉不适的各种环境因素，尤其是突如其来的强烈刺激，如强光、噪声、合群、更换新猪舍、剧烈角斗等，均会引起特异性应激反应，从而激发咬尾症状出现。首次被咬尾的猪，多数是体形较瘦弱的小猪。攻击他猪咬尾的猪多系神经敏感、体格健壮的猪。这是一种恶癖，并非完全是营养不良所致。

【诊断要点】

1. 被咬猪尽管尾巴被咬断，鲜血直流，但似乎并无反抗，往往在喂猪时发现个别猪体表处被红血污染，才能发现猪尾有伤。

2. 本病发生有时间性，一般多发生在每天下午，又有明显的季节性，多发生在寒冷的季节，其他季节很少见到。

3. 刚断奶仔猪分群、合群时期发生最多。

4. 被咬猪由于流血多，机体损耗，加上体弱，食欲大减，伤口感染化脓，甚至引起脊髓炎，最后后肢麻痹。

【预防】

1. 发现有咬尾现象，立即将被伤害的猪和攻击猪挑出隔离。

2. 必要时，对初生仔猪 3 日龄时用钢丝钳在尾下 1/3 处钳两钳。两钳相隔 0.5 厘米左右，将尾肌和尾骨钳断，但皮肤仍存，一周后钳下部即脱落。

【治疗】

1. 可将断端烧烙止血后涂上碘酊，最后用碘仿膏涂抹加以保护。

2. 针灸：火针脾俞穴。

仔猪脑炎

本病是 C 群兽疫链球菌引起的仔猪呕吐、转圈病。一年四季都有发生，死亡率很高。菌体呈圆形短链状，无芽孢和鞭毛，有荚膜，革兰氏染色阳性。

【流行特点】　病猪和带菌猪是传染源，传染途径是呼吸和消化道。感染快，几乎没有潜伏期。一经感染很快出现菌血症。以高热、嗜睡、昏迷为特征。主要感染哺乳仔猪和断奶后仔猪。

【诊断要点】

1. 最急性的头天晚上仔猪未现异常，次日早晨却发现死在圈内。

2. 稍迟型病初体温升高至 41~42℃，呼吸困难，全身发抖，头向后勾，呕吐，旋转转圈，目光斜视。

3. 耳尖和四肢末端呈紫色。病程很短，1~2 天即死亡，死亡率达 100%。

【鉴别诊断】

1. 猪血凝性脑脊髓炎，特征是病毒感染，双目失明，眼球震颤，慢性经过，日渐消瘦。

2. 猪传染性脑炎，四肢僵硬，不能站立，便秘。

3. 乙型脑炎，夏季流行，成年猪多发。母猪流产，公猪睾丸肿。

4. 李氏杆菌病，高度兴奋，头顶墙，头向后仰，呈观星状。

5. 伪狂犬病，特征是尖叫，腹泻，咽喉肿大。

6. 脑心肌炎，全身乏力，行走困难，驱赶时倒地死亡。

【治疗】

1. 对慢性病例可用小诺米星肌内注射，1 天 4 次。

2. 土单方：六神丸 1 天 2 次，往口腔填塞，3 丸即可。

僵　猪

仔猪断奶后，转入快速生长发育期，若受到某些不利因素的影响，致使生长发育受阻，呈现缓慢或停滞。从整群生长看，病猪远远落后于其他猪只。

【发病机制】　先天性僵猪，是因在孕期母猪营养不良，分娩时产出先天不足的弱小猪，俗称"垫窝猪"，这种弱小猪对今后生长发育有直接影响。后天性僵猪，则是在哺乳期乳汁不足，在缺奶饥饿的情况下，后天发育不良。另外则是断奶前后染上恶病质疾病的后遗症，在断奶后没有及时驱虫，出现寄生虫性高度营养不良，生长停滞成为小僵猪。

【诊断要点】

1. 体弱消瘦，精神不振，常被其他猪啃咬追赶，食量小，挑食，便秘与腹泻交替出现。

2. 皮肤干燥、有皱褶，被毛粗糙，腹部紧缩，吊肷，头大而屁股尖（后躯瘦小）。

3. 年龄和发育阶段明显相差很多。

【治疗】

1. 左旋咪唑，按每千克体重 7.5 毫克一次内服。

2. 肌内注射鸡蛋清 10 毫升，一次皮下注射，每周注射 1 次，连续注射 3 次。

3. 苍术、松树叶、侧柏叶各 15 克共研细末，一次喂给，1 天 1 次，连喂 15 天。

4. 萹蓄 30 克、蜈蚣 1~3 条焙干研末，平分 3 包，每隔 10 日，混饲 1 包。

猪低头难

本病是猪颈部肌肉风湿症，多发生于酷热的夏季和寒冷的冬季。老母猪发病率高，青年猪少见，唯母猪突然发病。特征是低头困难，颈部强直，采食困难。

【发病机制】　长期躺卧潮湿的水泥地面上，受贼风侵袭。尤其在母猪断奶后，体质虚弱时，外感风寒邪湿，使局部筋腱和神经经络凝滞，出现神经和肌肉功能紊乱，因局部疼痛而低头困难。

【诊断要点】

1. 多突然发病，局部肌肉疼痛，为了缓解病痛和肌肉强直而出现低头困难。采食时双前肢向侧外方伸展，以降低嘴和食槽的距离。

2. 精神沉郁，食量减少，侧卧多，伏卧少，站立时先是后躯撅起，如牛卧地站起的姿势，俗称"小起"。

3. 有时病猪头向一侧，保持反常姿势长时间不动。

【治疗】

1. 泼尼松 100 毫克、利多卡因 3 毫升、青霉素 80 万单位一次肌内注射颈部。

2. 吲哚美辛 50 毫克、安乃近 1 克一次内服，1 天 2 次。

3. 中草药：徐长卿 20 克、元胡 10 克、附子 10 克、川乌 10 克、草乌 10 克，煎汁喂给。

4. 土单方：稀莶草 50 克、柳树红根（水中根）100 克煎汁混饮，1 天 1 次，连饮 5 天。

5. 外灸：主穴为天门、风门、百会，配穴为三台。

母猪产后厌食症

本病是母猪分娩后常见病，主要原因是饲养管理失误，如没有及时减少饲料、日量，反而增加喂养次数和数量，导致消化道功能紊乱，直接影响正常泌乳，甚至引起繁殖失败，即所谓母猪 MMA（子宫炎、乳房炎、无乳综合征）。

【发病机制】 母猪产仔后身体处于大转折和胃肠复原的适应过程。这时腹压下降，身体极度疲劳，消化能力下降，若突然饱食后，势必诱发消化道功能紊乱。若及时减料，给予易消化的麸皮水，既能解渴，又可补充营养，就不会发生乳房炎、子宫炎和产后无乳症。

【诊断要点】

1. 分娩后，突然喂给大量不易消化的饲料后，精神沉郁，呕吐，不关心仔猪，甚至不让仔猪吃乳。

2. 产后二三天时突然拒食，卧地不动，乳汁分泌减少，腹围胀大，拉稀便，鼻端干燥，眼结膜潮红，对周围动静不关心，多卧，很少站立活动。

3. 分娩时，一切正常，母仔平安，但是分娩后母猪由于发渴误饮污水和残存胎衣及羊水，致使突然拒食。

【预防】

1. 临产前三天和分娩后三天内减少精料（喂平时半量），可供给麸皮水，让其自饮。

2. 分娩后，当天只供给麸皮水，加少量食盐让其自饮。

【治疗】

1. 苯海拉明 50 毫克、小苏打 10 克、干酵母 5 克、鸡蛋 1 个，兑入麸皮水中，一次喂给，1 天 1 次，连喂 2~3 天。

2. 0.1%高锰酸钾冲洗子宫。

3. 氢化可的松 20 毫克一次肌内注射。

4. 土单方：米醋 300 毫升，鸡蛋 2 个，调匀后一次喂给。

妊娠水肿

母猪怀孕后期，腹下水肿，多见于头胎和多胎怀孕，若医治稍有不妥，常引起母仔难保。主要原因是，孕后期肝肾负担过重引起的肝肾功能紊乱出现的代谢性疾病。特征是食欲减少，全身皮薄毛稀处——眼皮、后肢内侧、肛门周围水肿。

【发病机制】 孕后期胎儿发育加快，代谢加强，需从母体获得较多的养分和排出废物，因此加重心肺负担，大量的血液营养物质被胎儿利用，引起母体血液稀薄通透性增加，加上心功能下降，过多水分蓄积在皮下和组织间，出现水肿和代谢紊乱。

【诊断要点】

1. 多发生在孕后80~90天，病初精神沉郁，不爱活动，多卧少起。

2. 被毛粗糙，倦怠无力，眼结膜苍白，食欲不振。

3. 常见于耳后、下腹部、大腿内侧水肿，触摸有波动感。

4. 皮肤干燥，缺乏光泽，口舌干燥，舌体肿大。

【预防】 当发现孕后期母猪懒得活动，腹围异常增大时，可减少精料，增加青绿多汁饲料。增加运动量，肌内注射肝素，每次5毫升，隔日1次，连注3次。

【治疗】

1. 25%硫酸镁10~20毫升一次肌内注射，1天1次，连用2天。

2. 维生素 B_{12}500毫克，一次肌内注射。

3. 中草药：白术、姜皮、陈皮、茯苓、大腹皮、桑白皮各10克，煎汁一次混饲，1天1次，连喂3剂。

4. 土单方：冬瓜皮100克、黄芩15克，煎汁拌饲。

母猪产后低温厌食症

母猪带仔后期低温症，实际也属于瘦母猪衰竭症。主要由于泌乳过度引起低血糖、低血蛋白症。多发生于寒冷季节和老年母猪。特征是食欲不振，体温过低，四肢厥冷。

【发病机制】 由于仔猪吮乳量日渐增多，母猪泌乳量供不应求，仔猪频繁吮乳，母猪整天得不到充分休息，势必体能消耗过度，高度缺乏营养，使机体代谢无养料可供，出现难以维持正常体温。表现体温偏低，机体各部器官功能衰退，食欲废绝，危及生命。

【诊断要点】

1. 寒冷季节，带仔母猪逐渐出现食欲减退，进行性消瘦，精神萎靡，全身寒战，体温降至38℃以下。

2. 严重时出现干呕，饮食欲废绝，肌肉震颤，便秘，粪球干小，色黑，粪球外层覆有一层黏液。尿少而黄，泌乳停止，乳房萎缩。

【预防】 同瘦母猪衰竭症。有所不同的是带仔母猪喂养的关键技术在于供足高营养蛋白、矿物质和维生素，还要补饲粗纤维饲料如粉碎后的作物秸秆，以促进胃肠蠕动，防止便秘发生，而且这些饲料富含钾，对改善心脏功能、促进血液循环有重要作用。

【治疗】

1. 5%葡萄糖盐水500毫升、25%葡萄糖200毫升、氯化钾注射液10毫升，10%安钠咖5毫升，一次静脉滴注。

2. 樟脑水10毫升、硫酸阿托品2毫克，一次肌内注射。

3. 中草药：党参30克、制附子15克、官桂30克、当归20克、甘草30克，煎汁500毫升，一次投服。

八、外科疾病

关 节 炎

本病多见于腕关节和跗关节，肿胀疼痛，跛行，不敢负重。病因主要是缺乏钙引起的佝偻病，继发于传染病的后遗症，如链球菌病、布氏杆菌病、霉形体病和猪丹毒等。

【发病机制】 在病因作用下，关节滑液渗出增加，滑液大量积存在关节腔内，使关节体积增大，功能障碍，严重时还会充血、出血、化脓，甚至引起全身败血症。仔猪的关节炎，尤其是缺乏钙引起的骨质增生松软性关节炎，则是骨质疏松病。

【诊断要点】

1. 仔猪营养性关节炎，除了关节肿胀、变形外，特征是呈对称性，很少单个关节肿胀，两个腕关节同时肿胀，而且四肢软弱变形，行走困难。前肢呈"X"形和"O"形。头面部肿大，食欲大减。

2. 成年猪关节炎多为化脓性表现，初期硬肿，慢性经过。后期化脓，全身症状严重，甚至体温升高，食欲大减。

【治疗】

1. 针对病因治疗原发病。

2. 炎症初期用冷敷疗法，用复方醋酸铝外敷。

3. 肿胀严重时涂拭樟脑酒，或用泼尼松、青霉素注射关节囊内。

4. 断奶后仔猪可用维生素 D 胶性钙肌内注射 1~2 毫升，隔日 1 次，连用 3 次。

5. 土单方：①豆面 100 克、食醋 50 毫升，调成泥状，敷患处。②让蜜蜂蜇刺患部，加速炎症消失。

疝

本病是腹腔内的肠管沿天然孔脱出到腹腔外的疾病。疝共有三部分组成，即疝孔、疝囊和脱出物。常见的疝有腹股沟疝、脐疝和腹壁疝。若不及时治疗，形成肠扭转、肠梗阻能使猪很快死亡。

【发病机制】 先天性脐孔过大，鼠蹊轮孔过宽（遗传性），在腹压过高时，如追赶、角斗、饱食等因素使肠管从天然孔中挤出，日久形成疝囊。另外人为的腹腔创口，形成肠管脱出腹腔。如阉割手术中的小挑花的后遗症等。

【诊断要点】

1. 疝囊柔软，听诊可听到肠蠕动音。

2. 将疝囊中的内容物（肠管）送回腹腔，即可触摸到疝气环。

3. 若为肠扭转性梗塞疝，则症状严重。表现疼痛不安，疝囊肿而硬。皮肤呈紫色并且局部皮肤凉感，伴有呕吐。

【手术治疗】

1. 阴囊疝。

（1）手术疗法：术前停食 24 小时，倒提保定，将阴囊中的肠管送回腹腔内。术部选择在疝囊侧的疝孔外部（耻骨前沿旁侧）。消毒术部，切开皮肤，分离鞘膜和睾丸，待止血后缝合疝孔。与此同时，除去另一侧睾丸，缝合切口皮肤即可。

（2）阴囊疝体外缝合法：本法适合已经去势的阴囊疝。优点是基本无创伤，感染机会少。方法是：停食 24 小时后采取倒提保定，首先对疝孔周围彻底消毒，送回肠管；然后手持弯缝合针，左手食指顶住鼠蹊轮孔（腹股沟孔）将缝针从疝轮一侧穿过皮肤进入疝环，越过疝孔直接进入对侧疝环内下侧穿过疝环，再穿出对侧皮肤，将两端线头结扎即可。

2. 脐疝。

（1）无血结扎疗法：需停食饿一天，仰卧保定。首先还纳疝囊中的肠管于腹腔内，用止血钳钳住囊基部，并旋转钳子，使囊基变细，随即用橡皮筋在疝囊基部紧靠腹壁处来回缠绕，直到缠紧为止。一周后囊皮干性坏死脱落。

（2）对体型小的哺乳仔猪，可采取倒提后腿 30 分钟后，送回肠管，用 95% 乙醇，沿脐环周围分四点注入 0.5 毫升，再倒提 30 分钟即可。

（3）保守疗法：①樱桃核（醋炒）60 克研末分 3 次喂给。②老丝瓜 1 个，焙干研末，每天喂 30 克，喂完为止。

3. 阉割疝。手术疗法，术前准备同前。

侧卧保定，躲开阉割刀口，分离粘连部分，术者左手食指插入疝环并将疝环勾起。右手食指逐次缓慢送肠管于腹腔，最后缝合疝环，冲洗创腔（生理盐水），撒布消炎粉，缝合皮肤即可。

脓　肿

脓肿是局部创伤感染葡萄球菌、化脓链球菌及化脓棒状杆菌，使局部组织溶解坏死，并形成完整的腔囊，充满脓液，甚至还可发展成菌血症或脓毒败血症。

【诊断要点】

1. 病初局部充血、发红、肿大，皮肤变色，周围红而肿胀，中央呈紫红色，触之坚硬，无移动性。

2. 一般肿胀，凸出皮肤表面，局部疼痛。几天后肿胀中央软化，触之有波动感。

3. 若不及时切开排脓，很快会出现肿胀的顶端皮肤变薄，颜色变淡，甚至变成白色而自破排出脓液。

4. 早期诊断脓肿是否成熟（完全液化），可在脓肿明显处的中央用较粗针头进行穿刺，抽出脓汁即可确诊；若无脓汁流出，证明尚未成熟，不宜切开排脓。

【治疗】 成熟后的脓包处应剪毛、消毒，正顶最薄处，用刀切开排脓，防止伤及大血管和神经干，待脓排尽后用过氧化氢冲洗两次，最后用3%来苏儿塑料布进行引流。间隔三天换药一次至全部愈合。

湿　疹

本病是从皮肤上发生丘疹，患处奇痒。用玉米穗包叶和小麦秸做垫草，加上圈舍地面潮湿，最易发生本病。

【诊断要点】

1. 多发生于仔猪，尤其是断奶后仔猪和青年猪，同窝同槽发生，没有传染性。首先在腹下皮肤充血、红肿，之后体液外渗。

2. 多发生于夏秋两季，圈舍潮湿。

3. 病初在猪耳根和腹下部皮肤出现米粒样红色斑点，后来变成豆大样丘疹和脓疮，且常在墙角摩擦患部皮肤。严重时食欲减少，消瘦。

【预防】

1. 除去病因，保持圈舍干燥，经常消毒猪舍。

2. 及时消灭蚊蝇，防止昆虫叮咬。

【治疗】

1. 患部涂擦紫药水，撒布痱子粉。

2. 肌内注射复合维生素 B 注射液 4 毫升，异丙嗪 5~10 毫克，1天1次，连用3天。

3. 土单方：辣蓼煎水洗患处。

感光过敏症（过敏性皮炎）

有些农作物和野草中含有一种感光性物质，如荞麦、油菜、蒺藜、苕子等，做饲料喂猪以后，每到中午阳光照射后，尤其白色皮肤的猪，会发生急性皮肤发炎坏死。

【发病机制】 当猪采食了含有对光具有感光效应的物质后，经消化道吸收，分布在体表皮肤内。这种物质在阳光照射后，能破坏皮肤血管，发生皮肤血液循环障碍。因组织代谢停止，组织发炎和坏死。特别是白色皮肤，反应最强烈，而黑色部分反应轻微。

【诊断要点】

1. 多发生在夏季杂草茂盛季节，呈群发性。阴雨天无日晒，不会发病。

2. 白色皮肤猪反应最严重，而黑猪和皮肤黑色部分，很少有病变。

3. 病变部皮肤出现红斑水肿，触摸有痛感，皮下淋巴液外渗，干燥后使皮肤粘连。日后病变部皮肤变硬、龟裂、有痒感。

【预防】 凡含有感光效应的草料禁止喂猪，尤其嫩荞麦花叶，不慎采食后，要防止日光照射。

【治疗】

1. 对采食不久尚未出现症状时，内服硫酸镁 25～50 克，可达到排除毒物的目的。

2. 苯海拉明注射液 1～2 毫升，一次肌内注射。

3. 土单方：①对皮肤炎症可用白芨研粉加香油调泥擦患部。②地肤子 100 克炒熟研末混饲，1 天 1 次，连喂 3 天。

脱　　肛

本病是直肠部分脱出肛外，呈鲜红色圆柱体，最多发生于断奶后仔猪，少部分见于怀孕母猪的临产期。

【发病机制】 断奶后仔猪由于便秘，用力努责而引起直肠脱出。也由于长期腹泻，里急后重，用力努责而发病。母猪孕后期直肠脱则是由于激素更替，骨盆腔松弛而引起，甚至引起双脱症，即直肠与阴道全脱出。

【诊断要点】

1. 脱出时间短，脱出部分呈鲜红湿润色。否则，脱出部分温度下降，瘀血呈紫红色，导致被异物污染。

2. 如脱出时间过久，还会表现脱出部分水肿，表面膨胀、光滑，甚至外伤流血，污染严重，呈紫黑色。

【治疗】

1. 必须及时进行修复，用0.1%高锰酸钾清洗干净脱出部，并涂上植物油送回腹腔。若脱出部分水肿，可在消毒后用小宽针穿刺周围，放出肿水。必要时，用剪刀剪去坏死组织。止血后涂西林油，再送回盆腔内。为防止二次脱出，可采取袋口缝合法：沿肛门括约肌圆周一次间隔穿针，最后将头尾线头结扎。但必须留2厘米空间的孔，以不影响排大便为准。待7天后将缝线拆除。

2. 孕母猪直肠脱可照上述方法处理，也可配合肌内注射黄体酮效果更好。

肛门闭锁

肛门闭锁是偶尔发生的一种先天性畸形疾病，是因遗传基因突变而形成。若不采取人工造肛门，会很快发生自体中毒而死亡。

【诊断要点】 仔猪出生后2~3天，表现腹围逐渐增大，经常做排便姿势，甚至用力努责但不见有大便排出。当详细检查时，才发现无肛门。

【治疗】　将患猪倒提、保定，消毒术部，寻找肛门切迹，用刀切成"十"字创口，剪去肛门周围皮肤，沿直肠末端，用烧红的铁棒（铁锥子）烙透闭锁部，有粪水流出即可。

附　仔猪假死急救方法

分娩时，当仔猪落地后，没有呼吸征兆，软瘫在地上一动也不动，像死的一样，舌头垂于嘴外，但心脏仍有跳动。这时应立即采取抢救措施，方法是：

1. 立即将后肢倒提起，头向下垂，用手轻拍胸肋部，促使出现呼吸。

2. 立即手提双前肢蹄部，脊背着地，轻提拉和使双前肢伸屈3~4次（即猛提起，猛放下，促使出现呼吸）。

仔猪渗出性皮炎

本病是仔猪常发性皮肤病，又叫"脂溢病"。病原是葡萄球菌。特征是突然发病，皮肤分泌物渗出增多。感染率90%，死亡率在80%。

【发病机制】　葡萄球菌一旦突破机体的体外屏障（咬伤、创伤），首先在局部繁殖，形成化脓疮，并很快向全身扩散，形成菌血症，出现全身性感染。由于渗出严重，使机体体液大量损耗而脱水，最后转为败血症而很快死亡。

【诊断要点】

1. 多发生于5~30日龄的小猪。表现突然发病，吮乳停止，皮肤潮湿，淋巴液外渗，常在3~4天死亡。

2. 除皮肤病变外，全身寒战，出现血尿，消瘦，呕吐，便秘，眼结膜充血，有眼屎，多在一周后死亡。

3. 慢性病例除部分皮肤渗出潮湿外，鼻端、耳朵及四肢内侧出现红斑。食欲大减，皮肤出现大量皮屑。少数日久可耐过，成为小僵猪。

【预防】

1. 仔猪出生后，应剪去尖牙，圈舍内除去尖锐铁丝、铁钉、玻璃和易刺伤的物品。

2. 发现仔猪皮肤有外伤应及时用碘酊消毒，并涂上紫药水。

3. 及时消灭蚊蝇和猪虱。

【治疗】

1. 青霉素 80 万 ~160 万单位、25% 利多卡因 1~2 毫升、生理盐水 20 毫升，一次腹腔注射，1 天 2 次，连用 2~3 天。

2. 土单方：痱子粉撒布潮湿处皮肤。

风湿症（湿痹）

本病是由于猪伤风伤湿引起的全身性疾病，呈现局部肌肉、神经功能紊乱。特征是局部肌肉疼痛感觉迟钝，出现头颈歪斜，颜面变形，肢体萎缩和游走性疼痛，但运动后症状会减轻，还能出现食欲减退、生长停滞等现象。

【发病机制】 当机体在正常新陈代谢过程，全身或局部受外部贼风侵袭，温度骤然下降，血管收缩，血流缓慢，气体交换受阻，肌糖分离产生大量乳酸，蓄积在局部肌肉间，出现酸中毒性疼痛。在酸性环境中，生物磁场和电解质紊乱，神经传导受阻，使局部神经组织脱离中枢掌控，形成中枢神经之外"孤岛"，使局部新陈代谢出现瘫痪状态，不仅功能失调，而且营养供应受阻，日久局部组织萎缩变形。

【诊断要点】

1. 在病因作用下，突然发病，局部疼痛，神经传导失常。若病在局部表现，即呈现该部病态。如在腿，表现跛行，不敢负重；若在面部，表现嘴歪眼斜；若在颈部，表现头颈歪斜；若在腰部，则弓腰，四肢聚于腹下。

2. 局部病变，有转移性，有游走性。若在腿部，四肢轮换出现疼痛跛行。

3. 随天气变化和气压改变，症状会加重或减轻。

【治疗】

1. 吲哚美辛，按 2 毫克/千克体重一次内服，1 天 2 次，连用 3 天。

2. 中草药：羌活 10 克，附子 10 克，元胡 10 克，当归、红花各 10 克煎汁一次服，1 天 1 剂，连服 3 天。

3. 针灸：火针百会、抢风、大跨、九委、小跨。

4. 土单方：柳树根（水中的红根）适量煎水，混饮或混饲，连喂 3 天。

腐 蹄 病

本病是指悬蹄以下蹄冠、蹄底、趾间的慢性炎症。以蹄部软组织腐烂、疼痛、跛行为特征。

【发病机制】 外伤后感染，长期在粪尿中浸泡，引起皮肤和角质软化，失去屏障作用，感染化脓，成为久不愈合的糜烂坏死，甚至导致蹄壳脱落。

【诊断要点】

1. 本病多发生于繁殖母猪和育成猪长途运输之后。

2. 有明显季节性，多见于夏季高温多雨时期。

3. 患部肿胀，不敢负重。

4. 圈舍地面常留有血迹。

【治疗】

1. 对浅在性溃疡面，可用高锰酸钾水冲洗后涂浓碘酊，再敷上碘仿软膏，塑料包扎防水即可。

2. 对深在性肉芽增生疮面，可用高锰酸钾原粉撒布并包扎即可。

子宫炎

本病是引起不孕的主要原因。子宫炎是由于分娩时细菌由产道感染以及产道损伤、残存胎衣腐败而引起。以经常从阴道排出脓性分泌物和屡配不孕为特征。

【诊断要点】

1. 急性子宫炎：见于分娩后不久病猪体温升高，恶露不止，从阴道排出红褐色脓性黏稠液体，有努责现象，尤其卧下时会从阴道流出污秽的黄白色胎衣残片。食欲大减，日渐消瘦。

2. 慢性子宫炎：外表无明显异常变化，只是在发情时从阴道流出混浊多量分泌物，屡配不孕，有时也会出现性周期紊乱。

【预防】

1. 母猪分娩时，要对圈舍产房严密消毒，清除杂物，并对外阴用0.05%新洁尔灭冲洗干净。

2. 分娩结束时及时清除异物，并用0.1%高锰酸钾冲洗子宫一次，除去残留胎衣，助产时要严格消毒一切用具等。

【治疗】

1. 冲洗子宫：用0.1%高锰酸钾灌入子宫内，稍停15分钟将余留液体导出后，用痢菌净1克，注射用水100毫升，灌入子宫内。

2. 利福平4毫克/千克体重一次内服，1天1次，连服3天。

3. 中草药：益母草、蒲公英、地骨皮各20克共研末混饲，1天1次，连喂1周。

4. 诱导疗法：细辛、樟脑各1克，大蒜5克共捣为泥，填塞穿黄穴内（穿黄穴在胸骨前中点）。

5. 土单方：鲜韭菜100克捣碎，一次混饲，1天1次，连喂5天。

卵巢静止

本病多发生于断奶后的经产母猪，表现为不能按时发情排卵。

【发病机制】 性成熟的母猪在性激素的调节下，能按生物钟规律发情排卵。但是，当机体由于某种原因如营养不良，缺乏维生素 A、维生素 E，卵巢中有永久黄体存在等，均可引起卵巢中滤泡不能发育。另外，子宫积液、子宫内有炎性渗出物，甚至子宫内有木乃伊胎等异物，均可使垂体不能产生排卵素，卵巢的发育也受营养水平、气候冷暖的影响。

【诊断要点】

1. 一般母猪只要断奶后 10 ~ 15 天即会发情，而病母猪断奶后，进入干奶期 1~2 个月仍不能发情。

2. 母猪断奶后只见轻微发情，以后即出现安静状态，阴道分泌物减少，外阴、乳房萎缩。

3. 有时母猪断奶后只见发情 1~2 次，但症状不明显，如外阴不肿胀、阴道分泌物少、不让公猪接近和爬跨。

【治疗】

1. 肌内注射垂体促排卵素 10~15 个单位。

2. 中草药：当归 20 克、坤草 30 克、淫羊藿 30 克、丹皮 15 克、苍术 30 克，共研末混饲，照上剂量 1 天 1 次，连喂 3 天。

3. 土单方：①孕妇（孕 60 天前后）尿 150 毫升、5%石炭酸 1.1 毫升混合，肌内注射 10 毫升即可。②用孕妇尿 50 ~ 100 毫升混饮，1 天 1 次，连饮 5 天。

卵泡囊肿

本病是卵巢功能亢进的表现，主要原因是促卵泡素、促黄体素分泌紊乱，卵巢中滤泡发育过盛，出现异常胀大。病因是垂体及甲状腺分泌紊乱，其中促黄体素及垂体促黄体素分泌不足。特征是性欲亢进，出现"慕雄狂"。

【发病机制】在病因作用下，尤其大剂量应用雌激素，在优质的营养、缺乏运动、膘情良好、气温适合的情况下多次发情，又没有及时配种，可促进卵泡囊肿的发生。引起雌激素在体内大量蓄积，出现生殖器官功能亢进。

【诊断要点】

1. 频频发情，性周期缩短，性欲旺盛，极度不安，叫声不断，爬跨其他猪，采食大减。

2. 乳房呈条状扩张，阴道充血，分泌物增多，并污染尾部，阴唇肿大。

3. 屡配不孕，性周期紊乱，失去规律性。

【预防】停喂精饲料，增加粗纤维饲料，除去其他病因。

【治疗】

1. 肌内注射促黄体释放素。

2. 肌内注射孕马全血 100 毫升，每次 10 毫升（无菌或加 5%石炭酸 1.1 毫升）。每天 1 次，连注 3 天。

3. 肌内注射新斯的明或比赛可灵，均可使囊肿破裂和吸收。

4. 中草药：三棱、莪术、香附、藿香各 20 克共研为末，混入饲料中，连喂 5 天。

排卵延迟与不排卵（排卵障碍）

本病是卵已成熟而不能排出，又叫持续性发情，即发情到后期仍不排卵，直到发情结束也不排卵。

【发病机制】当母猪带仔猪哺乳时间过长，生殖激素变更，加上外界温度过低，或由于机械原因如卵巢囊粘连使卵巢的破裂发生障碍，当卵巢被囊膜完全包裹时，会发生排卵困难。

【诊断要点】

1. 排卵延迟：卵巢上的卵泡可以进行发育，并且有发情表现，发情的强弱与正常发情一样，但发情持续期超过正常时间达 4~5 天，而且下一次发情也推迟达 25~30 天，由于卵在卵巢中滞留时间过久，失去受精能力而不能排出，引起不孕症。

2. 不排卵：母猪已到发情时间但毫无动静，包括没有第二性征、乳房不膨大、阴道没有分泌物、阴门不发育。日久会引起雌性激素消失，公性化或中性化，失去繁殖能力。

【治疗】

1. 肌内注射促黄体素 100 单位。

2. 中草药：黄芪、杜仲、云苓、白芍、当归各 20 克，共研末一次混饲，1 天 1 次，连喂 5 天。

3. 针灸：主穴为百会、断血，配穴为后海穴。

提示　母猪发情周期是 21 天，发情持续期 3~4 天。发情表现是：初期减食，兴奋不安，阴道流黏液。中期（排卵期）食欲大减，起卧不安，鸣叫，跳圈，拱地，啃咬圈门，排尿频繁，有爬跨现象，按压臀部时呆立不动，允许公猪爬跨。

阴道炎

阴道属外生殖器，同时又是膀胱的外口，所以阴道炎不可忽视，因为阴道炎可诱发子宫炎和膀胱炎。难产助产、人工授精消毒不严、粗暴操作均可诱发本病。

【诊断要点】

1. 经常做排尿姿势，外阴红肿，阴门不断排出分泌物，并污染尾根及周围皮肤。

2. 阴道内壁充血、肿胀，甚至出现糜烂斑块。

3. 体温升高，食欲下降，阴道有疼感，有时肌肉抽搐，反射性出现频频排尿。

【治疗】

1. 0.1%雷佛奴尔冲洗阴道后，撒布消炎粉。

2. 氯化铵 1 克、氯化钠 2 克、硫酸铜 2 克，凉开水 100 毫升溶化后注入阴道。

阴 道 脱

本病多发生于怀孕后期，营养不良，圈舍狭窄，缺乏运动，也有临近产期激素作用等，均可引起阴道脱出。后备母猪发情期亦有发生。

【诊断要点】

1. 阴道不完全脱出，只见猪卧下后，阴道脱出阴门外，呈红色半球状，当猪站立后，又重新缩回阴门内。

2. 阴道全脱，脱出部分呈圆柱状，顶端可看到子宫颈口，由于脱出时间过长，其黏膜充血瘀血，颜色呈紫红色。

【治疗】

1. 凡临近分娩期，可用黄体酮 25 毫克/次肌内注射，1 天 2 次。

2. 立即将脱出部分用 0.05%新洁尔灭冲洗干净送回骨盆腔，并在阴门四周注射 75%以上的乙醇，注射三点，每点注入 10~20 毫升。

3. 中草药：黄芪、补骨脂各 30 克，杜仲 15 克，川续断 20 克，当归 20 克，升麻 10 克煎服。

先兆性早产

不到预产期发生的分娩叫早产，早产的原因很多，除了高热性传染病流产外，剧烈创伤、挤压拥挤、碰撞均能引起早产，这里的早产主要指后者。

【诊断要点】

1. 孕猪突然出现食欲大减，起卧不安，阴道流血，腹部疼痛努责。

2. 阴门红肿，阴道流出淡红色黏液，卧地不动，饮食废绝。

【治疗】

1. 立即肌内注射黄体酮 15~20 毫克，1 天 2 次，连用 3 天。

2. 中草药：苏叶、艾叶、白术、续断各 20 克共研末，加鸡蛋 2 个、麸皮 250 克，一次喂给，1 天 1 次，连喂 3 天。

提示 母猪正常孕满为 115 天，开始减食衔草做窝，拉小尿，排粪勤，乳房膨胀，最后一对奶头可挤出奶水，阴门流出多量分泌物，即可诊为一天后即分娩。

产前瘫痪

产前瘫痪主要发生于老年猪，特征是运动障碍，尤其后半身不灵活，后肢站立困难。

【诊断要点】

1. 本病多发生于产前数周，由于胎儿发育逐渐完善，需要营养和代谢旺盛，吸收与排泄增加，胎儿总重量也达到高峰，使母猪体力下降，起卧和走动过于费力，最易出现肌无力。

2. 食欲下降，呼吸加快，多卧少站，即使前肢站起但因后肢软弱而难以支持后躯。

【治疗】

1. 在饲料中增加骨粉配比，在圈舍地面多垫垫草，以刺激局部血液循环。

2. 在后躯进行人工按摩并涂 4.3.1 合剂。

3. 静脉注射 10% 葡萄糖酸钙 100 毫升。

4. 藜芦 1 克、乙醇 90 毫升浸泡 3 天后，注射于臀部两侧，每侧各注射三点，每点 1 毫升。

5. 针灸：百会、大椎、后三里。

产后瘫痪

母猪分娩后 1~3 天内出现后躯轻瘫，病因主要是助产时伤及骨盆腔神经，以及产后出现全身性血糖和血压降低。特征是：食欲减退，泌乳减少，侧卧不动，体温偏低，站立困难。

【治疗】

1. 立即用吲哚美辛 100 毫克一次内服。

2. 静脉注射 10%葡萄糖 300 毫升、催产素 6 个单位、25%葡萄糖酸钙 150 毫升一次注射，1 天 1 次，连注 3 天。

其他配合疗法同产前截瘫。

阵缩乏力病

本病是指分娩时子宫收缩力弱，两次阵缩的间歇时间延长，子宫颈口扩张缓慢，有时羊水已流出，但无胎儿露出，叫作阵缩乏力。

【诊断要点】

1. 原发性子宫收缩乏力：从分娩开始，子宫收缩就很微弱而间歇时间长，多见于羊水过多，孕仔过多，子宫膨胀过度。

2. 继发性子宫收缩无力：特征是分娩初期子宫收缩正常，但是后来出现收缩力减小，间歇期延长，甚至陷于停止状态，多见于胎位不正，如横生、头向后背、倒生等。

【治疗】

1. 膀胱积尿过多者应首先导尿。

2. 进行人工助产，在消毒良好的情况下查明胎位、子宫颈口开张情况后，酌情使用子宫收缩药物，如垂体后叶素 5~10 单位/次。

产褥热

母猪分娩后 3~4 天出现发热、不食、泌乳减少，叫产后发热。病因是分娩时感染致病菌，主要是助产消毒不严和产道损伤所致。另外分娩时气候恶劣、酷暑和严冬也是发病的诱因。

【诊断要点】

1. 产后 2~3 天体温开始升高至 41~42℃，寒战，拒食，泌乳停止，呼吸迫促，眼结膜充血，尿少而黄，大便干燥，恶露不止。

2. 卧地不起，全身寒战，末端凉感，尤其四肢末端。表现衰弱，精神不振，乳房缩小，不关心仔猪。

3. 阴道中流出棕红色脓性分泌物。

【治疗】

1. 0.1%雷佛奴尔溶液冲洗子宫或用 0.1%高锰酸钾冲洗亦可。

2. 静脉注射青霉素 400 万单位，5%糖盐水 500 毫升滴注，1 天 1 次，连用 3 天。

3. 中草药：益母草、当归、五灵脂各 20 克，紫苏 10 克，黄芪 30 克，煎汁混饮，1 天 1 次，连饮 3 天。也可将药汁混入麸皮、鸡蛋的稀水中，让猪自饮。

4. 土单方：马齿苋 100 克煮熟，一次混饲，1 天 1 次，连喂 3 天。

产后应激综合征

本病是母猪分娩时受到环境、气候的强烈刺激，以及自身生理剧烈的变化刺激引起的全身性、综合性应激反应。以食欲停止、泌乳减少、不关心仔猪，甚至不让仔猪哺乳等为特征。另外，临产前和产后一次性喂精料过多，引起胃积食伤胃也有一定关系。

【诊断要点】

1. 分娩前后一切正常，产后第二天突然出现食欲大减，精神沉郁，体温偏低，呼吸窘迫，节律不齐。

2. 乳房肿胀，乳头软小，侧卧不动，大便干小，尿少而黄，对仔猪不关心。

3. 阴道流出污秽物，仔猪饥饿，腹部缩小，鸣叫不停。

【预防】临产前三天和产后三天，减少精料喂量，增加麸皮水让其自饮。

【治疗】

1. 苯海拉明 100 毫克、利福平 4 毫克/千克体重一次内服。

2. 中草药：王不留 30 克、通草 10 克、红糖 60 克煎汁一次内服。

3. 土单方：猪蹄壳 10 个（用砂炒黄）研末、红糖 60 克混饲。

胎衣不下

本病较为多见，尤其老年母猪最多发生，一般来说，母猪分娩后产仔结束约 1 小时内排出胎衣。如果 3 个小时后仍不见胎衣排出为胎衣不下或叫胎盘停滞。

【发病机制】母猪过于瘦弱，元气不足，孕仔过多，以及引起胎衣绒膜发炎的病原微生物如细小病毒及乙型脑炎病毒等，都是引起本病的根本原因。在病因作用下，产后子宫收缩无力，胎衣与子宫之间难以分离，尤其二者之间由于炎症引起粘连甚难分开。胎衣在子宫内滞留，形成产后重病及败血症而危及生命。

【诊断要点】

1. 产后 2 个小时后母猪卧地不起，子宫复原无力，阴道松弛，母猪精神极度沉郁。

2. 从阴门流出暗红色污秽液体，阴门外有少量胎衣露出并与子宫内的胎衣相牵连。

3. 母猪精神不安，食欲废绝，严重时体温升高，呼吸加快，泌乳停止，很快死亡。

【治疗】

1. 肌内注射垂体后叶素 5~10 个单位。

2. 静脉注射 10%葡萄糖酸钙 50~100 毫升。

3. 土单方：白萝卜干叶 300 克煎水 1000 毫升、红糖 100 克，让其混饮或混饲。

4. 针灸：火针百会、白针后三里。

子 宫 脱

母猪孕后期饲养失宜，管理失误，分娩时气温过高或过低，引起阴道和骨盆腔肌肉松弛，尤其骨盆韧带松弛，而致子宫脱出。另外，胎衣不下，用力牵拉损伤子宫内壁，疼痛努责，分娩后没有及时站起活动，躺卧过久均是引起子宫脱的诱因。

【诊断要点】

1. 母猪产后 1~2 小时不断努责，从阴门掉出圆柱状红色袋状物，突出于阴门之外，不能缩回。

2. 病猪常做排尿姿势，腹壁坚缩，用力努责，刚脱出呈红色球状，脱出过久呈袋状紫红颜色，黏膜上有许多横褶和子宫阜。

【治疗】

1. 将病猪置于人力车（农用架子车）侧卧保定，在猪与车板之间垫上塑料布，用 0.9%的食盐水（15℃）反复冲洗干净。

2. 用水合氯醛 1 克、温水 1000 毫升、淀粉 200 克充分混合，一次灌入直肠内，同时用导尿管导出膀胱中尿液。

3. 肌内注射 0.5%阿托品 1~3 毫升。

4. 用 0.1%高锰酸钾（25℃）冲洗子宫后，用绷带或宽布条将子宫缠成圆柱状。

5. 术者和助手戴上线手套，沿子宫基部和阴道周围逐步推子宫体送入骨盆腔，直至全部送回腹腔为止。

6. 用 0.1%高锰酸钾水 30℃ 4000 毫升灌入子宫。

7. 静脉注入 10%葡萄糖 400 毫升、缩宫素 6 个单位。

8. 在阴门周围分点注入 75%乙醇 40 毫升，分四点注入阴道外壁与盆腔之间，停 2 小时后解除保定。

泌乳突然停止

本病是指带仔母猪在正常泌乳情况下突然停止泌乳，并无其他明显症状，如体温、呼吸、食欲均无异常变化。特征是乳房萎缩，仔猪因饥饿鸣叫不安。病因是受到强烈刺激，如突然更换饲料，更换猪舍，突然中暑和受冻引起的应激反应。

【诊断要点】

1. 突然出现泌乳大减，乳房松弛，用手推挤乳房很少有乳汁挤出，而乳汁稀薄呈淡灰白色稀水样。

2. 仔猪哺乳次数频繁，因吃不到足够乳汁而腹部扁缩，饥饿鸣叫，全身虚弱，行走无力。

【治疗】

1. 苯海拉明 50 毫克、苏打 15 克、红糖 50 克兑入麸皮 500 克、鸡蛋 1~2 个，加温水 2000 毫升混饲或混饮，1 天 2 次。

2. 中草药：王不留 100 克、穿山甲 20 克（焙干）、通草 10 克共研为粉状混饲，1 天 1 次，连喂 3 天。

3. 土单方：①火麻仁 60 克，炒熟一次喂给。②猪蹄壳 10 个，焙黄焦研末一次混饲。③鲜鱼或河虾 300 克，煮熟一次喂给。

母猪产后拒绝哺乳症

本病多发生于初次分娩的母猪，其他二胎及三胎以后分娩的母猪偶尔见到。发生的原因尚不很清楚，主要与乳头过敏和胎牙咬伤乳头有关联，这一认识为多数人所接受。

【诊断要点】

1. 母猪拒绝仔猪吮乳，每当仔猪嘴衔住乳头时，母猪立刻站起来走开，甚至用鼻子推开仔猪。

2. 母猪保姆性差，不关心仔猪，甚至听见仔猪鸣叫而感到烦躁，乳汁分泌、乳房无异常，食欲、体温均正常。

【预防】

1. 对头胎母猪，分娩时用热毛巾按摩乳房，以解除母猪乳头的敏感性。

2. 仔猪出生后，立即用剪刀剪去尖锐犬齿胎牙，特别是尖锐牙尖。

【治疗】 苯海拉明 50 毫克、小苏打 15 克，研末，加入麸皮 250 克、鸡蛋 1 个，兑水 500 毫升，一次混饲，1 天 1 次，连喂 3 天即可。

乳 房 炎

本病发生主要是在分娩后，因乳头接触地面，被异物污染，感染细菌而引起，也有因乳房外伤引起。特征是乳管堵塞，乳汁停滞，乳叶中结聚肿胀，皮肤发红有灼热感，泌乳和排乳均发生困难。

【诊断要点】

1. 病初个别乳叶体积增大，局部皮肤张力大，充血、发红、发硬，并向周围扩大，局部温度升高，有痛感，抗拒触摸。

2. 不让仔猪哺乳，乳汁挤出后呈水样稀薄，而且有絮状物，乳汁 pH 值升高呈碱性。

【预防】

1. 用 0.1% 新洁尔灭温水洗净分娩母猪的乳房乳头。

2. 剪去初生仔猪犬牙和尖牙。

【治疗】

1. 利福平 4 毫克/千克体重，一次内服，1 天 2 次，连服 3 天。

2. 中草药：夏枯草、透骨草、二花、连轺各 20 克、鹿角 5 克、通草 10 克、花粉 10 克，煎汁混饮，1 天 1 次，连饮 3 天。

3. 土单方：①鲜葱白 5 克、半夏 1 克捣泥，塞入一侧鼻孔中。②仙人掌、白矾共捣为泥敷患处。③黄花菜根 200 克煎水洗患处，1 天 1 次，连洗 3 次。

4. 针灸：大椎、阳明穴。

回　　奶

为了选择最佳分娩季节，提高年产窝数，促使提前发情配种，以及乳房炎的治疗，或者全部仔猪夭折必须使母猪泌乳停止，及时回奶是十分必要的。

【方法】

1. 用麦芽 100 克、番泻叶 10 克研末一次混饲，1 天 1 次，连喂 3~5 天。

2. 丙酸睾酮皮下注射 50 毫克，1 天 2 次，注射 3 次。

3. 土单方：为了抑制乳房分泌乳汁，可采取限制采食和饮水的方法，在 2 天内，停止供料和供水，在饥渴情况下可回乳。

种公猪阳痿症

本病是种公猪常见病，尤其饲养管理不良，缺乏蛋白质饲料，每天配种次数过多；种公猪超过种用年限；能引起性腺退化的某些疾病，如睾丸炎、肾炎；缺乏钙和维生素 E，维生素 A 缺乏症等，均是引起阳痿的病因。

【诊断要点】

1. 种公猪不愿接近发情母猪，缺乏性欲，交配时尽管能爬跨，但不能持久，或阴茎不举。

2. 两个睾丸外观大小不一，有大有小，阴囊皮肤松弛，睾丸萎缩上部不能下垂。

【预防】

1. 加强饲养管理，增加蛋白质饲料，每天补饲鸡蛋，增加维生素E 和维生素 A、鱼肝油和青绿多汁饲料胡萝卜等。

2. 每周减少配种次数。

【治疗】

1. 首先解除前列腺炎，可用吲哚美辛 100 毫克一次内服，1 天 3次，次日减半量，连服 3 天。

2. 中草药：阳起石 30 克、淫羊藿 30 克、补骨脂 20 克、附子 8克、五味子 20 克，煎汁拌饲，1 天 1 次，连用 5 天。

3. 土单方：韭菜籽 15 克、菟丝子 30 克，炒熟研末加红糖 30 克，一次混饲，1 天 1 次，连喂 4 天。

附　　　　　　种公猪血精的中草药治疗方法

白芍 30 克、栀子 20 克、车前子 25 克、当归 40 克，共研末拌饲，1 天 1 服，3 天即可。

阴道滴虫

本病是原生动物毛滴虫寄生于猪生殖道引起的疾病。以阴道、包皮腔发炎、渗出物增多，死胎、流产为特征。

【流行特点】病原为病猪生殖器分泌物，传染途径是交配后感染，尤其在母猪发情期间是毛滴虫大量繁殖时期，趁配种扩大传染，适龄公、母猪可互相传染。

【诊断要点】

1. 母猪感染后阴道分泌物增多，呈灰白色絮状混浊胶样黏液，有时还带有棕红色血丝样物，阴道壁黏膜粗糙、充血，有小血点样结节，配种后会从阴道内流出带血分泌物。

2. 种公猪包皮肿胀，尿道口内壁充血，包皮腔膨大，内含多量白色脓性分泌物，性欲减退。

3. 母猪感染后会在妊娠前期终止妊娠，流产死胎。

【治疗】

1. 甲硝唑（灭滴灵）0.05 克/千克体重拌料一次喂给，1 天 1 次，连喂 3~4 天。

2. 5%硫酸铜凡士林膏涂抹阴道和包皮腔，1 天 1 次，连涂擦 3 天，间隔 10 天后再涂抹 2 天即可。

九、猪病针灸疗法

针灸疗法，是物理疗法的一种，它是采用机械刺激和温热刺激达到调整机体恢复生理平衡的方法。这是中兽医在长期同家畜疾病做斗争的过程中，积累和发展起来的独特医疗技术。实践证明，针灸疗法具有疗效迅速，操作简便，既经济又方便的特点，对肉用、奶用家畜实施针灸疗法后，没有休药和弃奶期，较化学药物治疗为优，被称为最理想的医疗手段。

针灸是针刺和艾灸的简称，根据肌体的经络、血管神经运行规律，选择固定穴位，采用特定针具，如用小宽针在皮下的静脉或富有毛细血管处扎针叫血针，用圆利针选择肌肉间隙和骨关节结合部扎针又叫毫针。

（一）针具

1. 小宽针：用绿豆粗不锈钢丝加工制成，针长 10 厘米，针尖呈红缨枪状，宽 4 毫米。

2. 圆利针：细而长，状如小锥子，用 2 毫米粗的不锈钢丝制成，针长 10 厘米，前部针尖呈缝衣针样，其柄呈螺旋状或方形，便于手持。

（二）进针方法

1. 小宽针用法：首先选择好穴位，然后对穴位部进行消毒，常用碘酊涂拭，右手拇指和食指紧握针尖，左手按住穴位边缘，按进针深度，将针刃与血管平行，迅速敏捷刺入，并迅速拔出针尖，此时即有血流出，一般可自行止血即可。针后3天内扎针处不得和水接触，以防感染化脓，孕后期和雨天应禁止扎针疗法。

2. 圆利针用法和注意事项：扎针前首先选定穴位，用碘酊消毒穴位，左手拇指按穴位边沿，右手持针柄，将针尖点在穴位中央，然后快速扎过皮肤，顺扎针方向捻转针柄用力刺入所需深度，稍停后轻提和轻插并捻转针柄（叫醒针），起到刺激神经、达到调整机体生理功能的治疗目的。最后快速起针，并用乙醇消毒针眼即可。

3. 烧烙方法：是用特制烙铁放在火上烧红后，烧烙穴位，如治疗猪肺疫时烧烙天门穴，治疗关节炎时，烧烙关节肿胀处，以烧焦毛而不伤及皮肤为度，每次烧烙不得少于2分钟。

（三）针灸的治疗范围

1. 食欲不振、消化不良选脾俞、后三里、六脉穴。

2. 腹泻选七星、百会、山根穴。

3. 胃肠炎选脾俞、尾尖、耳尖穴。

4. 大便秘结选玉堂、苏气、六脉、百会穴。

5. 感冒选天门、鼻中、太阳、耳尖穴。

6. 瘫痪选百会、后三里、汗沟、八字穴。

7. 四肢瘫选天门、八字、涌泉穴。

8. 血尿选断血、百会穴。

9. 产后尿闭，后海穴注射藿香正气水5毫升。

10. 水肿选玉堂、脾俞穴。

11. 中毒选耳尖、八字、脾俞穴。

12. 风湿症选百会、涌泉、山根穴。

13. 高热选耳根、大椎、玉堂、风池穴。

14. 破伤风选天门、百会、涌泉穴。

15. 痉挛选天门、七星、山根穴。

16. 中暑选天门、耳尖、山根、风池穴。

17. 肺炎选耳尖、苏气、七星、肺俞穴。

（四）针灸疗法禁忌

1. 猪舍地面有污水、水池不能施针。

2. 大风大雨天气、大出汗、大出血、交配后、口渴太甚均不宜立刻扎针。

3. 针灸部位不能被水和污物接触，以防感染化脓。

4. 孕后期不宜扎针。

5. 小宽针（血针）遇针后出血过多，如耳尖、尾尖（一般可自行止血），若出血难于自行止血时，可采取压迫穴位上部血管片刻即可停止出血，也可在针眼处撒上生石灰粉止血。

（五）猪的常用穴位及适应证

穴名	穴位	针法	主治
耳尖	耳背面血管，距耳尖3厘米，共三点，每耳各三穴	小宽针斜向下方刺入2毫米	中毒、中暑、高热、腹泻、急性肺炎、消化不良
卡耳	耳中部稍下方，避开血管，左右耳各一穴	大宽针将耳背皮肤切口扩展成小袋状，嵌入白砒或蟾酥小米大小一块，后用乙醇消毒	多病原混合感染、热症病、感冒

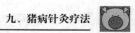

续表

穴名	穴位	针法	主治
山根	鼻镜上沿弯曲部正中一穴	小宽针垂直皮肤刺入3毫米见血	中暑、休克、消化不良、感冒、面神经麻痹、胃肠炎
天门	枕骨窝正中一穴	圆利针向斜后方刺入4~5毫米	癫痫、脑病、抽风、破伤风、中暑
太阳	外眼角后上方凹陷处	小宽针顺血管刺入3毫米见血	感冒、眼炎、热症、脑炎、流感
鼻中	两鼻孔之间皮肤隆起部正中一穴	小宽针垂直皮肤刺入3~4毫米见血	热性病、感冒、厌食、咳嗽
风池	项韧带两侧的耳后凹陷中，左右各一穴	圆利针向内下方刺入3~6毫米	感冒、热症、中暑
穿黄	胸骨前中线最低处	小宽针垂直皮肤割一小孔并扩大成囊后装入细辛樟脑丸，配方：细辛0.1克、樟脑0.2克、大蒜适量为丸	感冒、热症、风湿症
耳根	耳根后缘正中凹陷处左右各一穴	圆利针向下斜刺3~6毫米	中暑、昏迷、精神沉郁
玉堂	口腔内上腭第三棱正中旁开1厘米处	三棱针斜刺3~6毫米	消化不良、心肺热、胃热
七星	前肢腕关节后内侧有黑色小点5~7个，针刺正中一点，左右肢各一穴	将前肢提起，以圆利针垂直皮肤刺入3~4毫米，适合50日龄小猪用	腕部肿痛、风湿、饲料中毒
涌泉	蹄叉正中上方1~2厘米处	小宽针顺肌间沟向上刺3~6毫米见血	风湿、感冒、厌食、中暑
八字	蹄叉两侧有毛与无毛交界处，蹄甲壳之上	小宽针刀刃和蹄甲壳垂直刺入3~4毫米	风湿、热症、腹痛

续表

穴名	穴位	针法	主治
大椎	第7颈椎与第1胸椎棘突间正中凹陷处	圆利针略向前下方刺入1~4厘米	热性病、传染病初期、降温、增强抗病和免疫能力
身柱	大椎穴后第4个凹陷中	圆利针略向前下方刺入1~4厘米	脑炎、癫痫、肺炎
苏气	第4~5胸椎棘突间的凹陷中一穴	中间穴用圆利针向前下方刺入1~4毫米,其他各穴垂直刺入	感冒、肺炎气喘、心脏衰弱
百会	腰荐十字部凹陷中	圆利针垂直皮肤刺入3~4厘米	二便不通、后躯麻痹、风湿症
肺俞	髋关节与脊柱的平行线上和倒数第6肋间相交处左右各一穴	圆利针向下方刺入4~8毫米	肺病、咳喘
六脉	倒数第1、2、3肋间与背最长肌交界处左右各三穴共六穴	圆利针垂直刺入皮肤5~8毫米	厌食、消化不良、风湿、感冒
理中	胸骨下两前肢间正中一穴	艾灸3~5分钟	咳嗽、肺炎、腹痛
开风	百会与尾根穴之间中央部,第3~4荐椎之间	圆利针垂直刺入5~8毫米	胃肠病、泌尿系统病、生殖系统病、大便干结
汗沟	坐骨结节下方、股二头肌和半腱肌之间的肌沟中左右各一穴	圆利针垂直皮肤刺入1~2毫米,也可在穴位注射藿香正气水4毫升	后肢麻痹、跛行
尾根	手摇尾巴时在尾根部动与不动之间一穴	圆利针斜刺3~5毫米	大便干燥

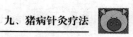

续表

穴名	穴位	针法	主治
尾本	尾部腹面正中距尾根5厘米处的血管上	提起尾巴，小宽针顺血管急刺出血	风湿、中暑、解热
尾尖	尾尖部	将尾尖拿起，小宽针将尾尖刺穿	解热、止痛、健胃
后海	肛门上边尾下凹陷处	将尾提起，圆利针向前上方刺入1～2厘米	腹泻
脾俞	左侧倒数2～3肋间距背中线5厘米处，左侧一穴	圆利针向内下方刺入3～8毫米，也可在穴位内注射藿香正气水3～5毫升	厌食、肚胀
肝俞	右侧倒数4～5肋间距背中线5厘米	圆利针向内下方斜刺3～8毫米，也可在穴位内注射维生素 B_{12} 2～4毫升	肝炎、眼疾、厌食
断血	百会穴与苏气穴的连线中点一穴	圆利针直刺1～2厘米	阉割出血、二便血
乳基	近肚脐的一对乳头侧基部各一穴	圆利针向上方斜刺3～5毫米，也可在穴位内注射青霉素和普鲁卡因	乳房炎、尿闭
阳明	最后两对乳头基部处侧旁开各一穴	圆利针向内上方斜刺3～5毫米	乳房炎、尿闭、水针（封闭）
后三里	后肢膝盖骨后下方凹陷中	圆利针朝凹陷中刺入2～4毫米	消化不良、食欲不振、腹泻

（六）猪体表穴位

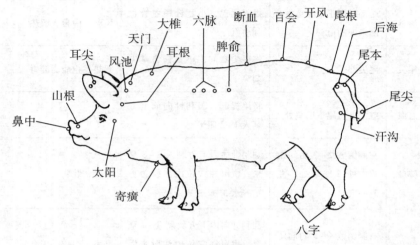

左侧猪体穴位

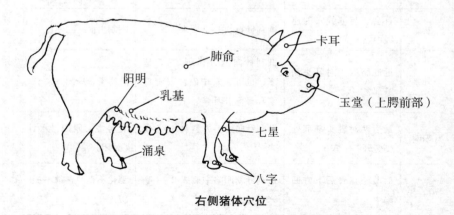

右侧猪体穴位

十、猪的用药技术

（一）断奶前后给仔猪内服药方法

1. 15 日龄前的哺乳仔猪给药方法，可按剂量将药溶于 50% 蜂蜜中，将药液涂抹在母猪乳头上，趁仔猪吮乳时吃进药液，每天可涂抹母猪乳头 2~3 次。

2. 15~30 日龄的仔猪，因用药量大，可采取按剂量溶于 30% 白糖水中，用注射器抽吸药液往仔猪口腔中推 1~2 毫升即可，每天可推 2~3 次。

3. 给断奶后仔猪服药，可将药按剂量加面粉鸡蛋清调成糊状，用竹片（或膏药刀）将药糊涂抹于舌面上即可。

4. 给断奶前后仔猪退热药，可采取 30% 安乃近注射液滴入鼻孔法，每次 1~3 滴即可。

（二）给 40 千克体重以上大猪内服药技术

1. 若为大剂量液体药水，且有刺激性，可采取用绳子一端拴住猪上腭前端，另一端固定，猪用力后退而不挣扎时，装上开口器插入胃导管，经检确实入胃中时，即可利用虹吸法灌入药液即可。

2. 内服无刺激性的中草药汁、油类等，可用洗创橡胶皮球吸药，经鼻孔灌入法，缓慢挤入鼻孔内即可。保定同上法。

（三）注射法给药

1. 皮下注射法：即用注射器将专用药注入皮下疏松结缔组织中。

部位选择：耳根后方、大腿内侧处即皮薄毛少且较干净部位。

具体操作：首先用碘酊消毒。左手固定注射部位，右手握注射器，针头对准刺入点，快速穿过皮肤，缓慢推进药液，然后左手按住碘酊棉球于针头处，右手拔出针尖即可。

2. 肌内注射法：是将药液注入肌内而不准伤及神经干和血管。

部位选择：在避开神经干和血管的肌肉丰满处，如颈中上部和后腿正后方。

具体操作方法：碘酊消毒注射部位。左手持一木棒顶住猪耳根，右手持注射器垂直快速猛刺入肌肉内，然后缓慢推入药液，这时左手持消毒碘酊棉球按住针头，右手拔出针头，左手稍等片刻，除去碘酊棉球即可。

3. 静脉注射法：是将药液直接注入血管内。该法给药生效快，但药液不得漏出血管外，尤其是有刺激性的药物。

部位选择：耳背大静脉管明显处。

具体操作方法：30 千克以下猪可采取横卧保定，固定四肢和头部。助手用左手拇指、食指拉住耳尖，拉直耳朵，右手用酒精棉球沿血管用力涂擦，使血管扩张，并用右手食指插入耳腹面，拇指指甲和食指配合卡住血管，不使血液回流。这时医生沿努张血管刺入针头，见有部分血进入输液管中即为正确。这时助手可放松手，左手指压迫针管使药液进入体内，医生用纸夹固定针头，输液结束后，用酒精棉球压迫针眼片刻，防止针眼出血。

4. 腹腔注射法：对幼龄猪和不易静脉注射的猪可采用腹腔注射法。

部位选择：大猪在腹肋部，小猪在耻骨前沿之下 3~5 厘米中线侧方。

具体操作方法：大猪在腹肋部最突起点，碘酒消毒，左手按住消毒处，右手持注射器垂直刺过腹膜，有空虚感即可注入药液。

小猪可由助手将猪倒提双后肢飞节部，腹部向外，在耻骨前最后乳头旁侧处，碘酊消毒，医生左手拉消毒处，右手持注射器垂直将针头刺入腹腔，即可注入药液。

（四）灌肠法

解除便秘及排粪困难，直肠灌注麻醉药物，补充体液，降温消除中暑，降低体温，均可采取灌肠法。

灌肠的工具可选用直径 1~2 厘米塑料及橡胶管，一端磨圆，另一端装上漏斗即可，管长以 50 厘米为宜。

保定可采取侧卧、站立和倒提方法。灌入液体数量，要根据实际需要，但最大容量不得超过总体重的 2%，即 50 千克体重可直肠灌 1 000 毫升。其灌入液体温度根据需要而定，最高不得超过 40℃，最低不得低于 10℃。

（五）不同月龄（体重）的猪用药剂量比例

不同月龄（体重）猪的给药剂量

月龄（体重）	9 月龄以上 60 千克	7 月龄 40 千克	5 月龄 30 千克	3 月龄 20 千克	1 月龄以下 10 千克
剂量比例	标准为 1	$\frac{2}{3}$	$\frac{1}{2}$	$\frac{1}{4}$	$\frac{1}{8}$

不同给药途径用药量比例

给药途径	口服	皮下注射	肌内注射	静脉注射	直肠灌注
剂量比例	1	$\frac{1}{3}$	$\frac{1}{3}$	$\frac{1}{4}$	$1\frac{1}{2}$

规模化养猪驱虫方法

日龄选择	首选药品	给药剂量	给药方法	驱虫种类
15 日龄	1%伊维菌素	0.02 毫升/千克体重	滴入口腔	蛔虫
断奶后仔猪	敌百虫	0.1 克/千克体重	口服	胃肠线虫
2 月龄仔猪	左旋咪唑	7.5 毫克/千克体重	口服	蛔虫
3 月龄青年猪	5%左旋咪唑针剂	6 毫克/千克体重	皮下注射	肺线虫
育肥猪	敌百虫	0.1 克/千克体重	口服	蛔虫
种公猪	1%阿维菌素	0.02 毫升/千克体重	皮下注射	体内外寄生虫
后备母猪配种前	阿苯达唑	15~20 毫克/千克体重	拌饲	体内寄生虫
怀孕母猪产前30 天	左旋咪唑	7 毫克/千克体重	拌饲	体内寄生虫
对新引进的猪	1%阿维菌素注射液	0.03 毫升/千克体重	皮下注射	体内外寄生虫
对个别生长慢、瘦弱、患僵猪病、贫血、水肿、黄疸的猪	吡喹酮粉	50 毫克/千克体重	内服	肝片虫、细颈囊尾蚴虫
	吡喹酮注射液	5 毫克/千克体重	肌内注射	肝片虫、细颈囊尾蚴虫

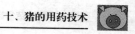

（六）药物保健防病法

药名	剂量	给药方法	给药时间	作用
庆大霉素注射液	只滴1次，1~2滴	滴入口腔	刚出生仔猪	防治仔猪发生黄痢病
0.5%环丙沙星注射液	1天涂2次	涂抹母猪乳头	4日龄时	防治仔猪呼吸道病
泰乐菌素	50毫克/千克水	混饮3~5天	20日龄	防治仔猪呼吸道病
	40克/吨饲料	混饲3~5天	断奶后	猪痢疾、猪喘气、猪增生性肠炎病的提前预防
	60毫克/千克水	混饮3~5天	青年猪	副猪嗜血杆菌病、传染性胸膜肺炎提前预防
硒生血素注射液	1~2毫升	肌内注射一次	周龄仔猪	防治仔猪贫血和猝死病
多西环素（强力霉素）	60克/吨料	混饲2~3天	母猪、断奶仔猪	预防蓝耳病
金霉素	50克/吨料	混饲2~3天	育肥猪	防治钩端螺旋体病
	50毫克/千克水	混饮2~3天	青年猪	波氏菌肺炎、鼻炎
阿莫西林	60克/吨料	混饲2~3天	不分年龄	预防链球菌病
氟苯尼考	50克/吨料	混饲3~4天	不分年龄	防治猪接触性传染性胸膜肺炎
苯海拉明	2.5毫克/千克体重	1天2次	断奶后仔猪	防治应激性腹泻

续表

药名	剂量	给药方法	给药时间	作用
苯海拉明	2 毫克/千克体重	1 天 2 次	产后母猪	防治初产母猪乳头过敏症、不让仔猪吃奶
替米卡星	50 克/吨饲料	混饲	青年猪	副猪嗜血杆菌病、支原体病

（七）猪的免疫程序

疫苗种类	接种时间	用法	用量
猪瘟冻干疫苗	吃初乳前口服，服后 1.5 小时再允许吃初乳	超前免疫口服	1 头份
	断奶后仔猪	肌注	2 头份
猪圆环病毒 2 型灭活苗	断奶后仔猪	肌注	1 头份
蓝耳病灭活苗	仔猪 21 日龄时	肌注	1 头份
	后备母猪配种前 21 天	肌注	1 头份
	怀孕母猪产前 45 天	肌注	2 头份
猪肺疫与猪丹毒菌苗（接种该苗前后 10 天忌用抗菌药物）	断奶后仔猪	肌注	1 头份
	仔猪 70 日龄时	肌注	2 头份
	种公、母猪每年春秋各一次	肌注	1 头份
细小病毒疫苗（灭活）	繁殖母猪配种前 25 天	两次接种间隔 1 周	1 头份
猪乙型脑炎（活苗）	母猪配种前 20 天	肌注	1 头份
	断奶后仔猪	肌注	1 头份
	每年夏初种公、母猪各一次	肌注	1 头份

续表

疫苗种类	接种时间	用法	用量
口蹄疫苗（活苗）	母猪产前 45 天及配种前 15 天	肌注	1 头份
	仔猪 30 日龄时	肌注	1 毫升
	仔猪 60 日龄时	肌注	2 毫升
	仔猪 100 日龄时	肌注	3 毫升
仔猪副伤寒冻干苗	仔猪断奶后	口服拌饲	2 头份
	30 千克体重青年猪	肌注	1 头份
猪传染性萎缩性鼻炎	怀孕母猪产前 30 天	肌注	1 头份
	仔猪断奶后 60 日龄	肌注	1 头份
猪喘气病冻干苗	仔猪 15 日龄	肌注	1 头份
	怀孕母猪产前 50 天	肌注	1 头份
大肠杆菌菌苗	母猪产前 20 天	肌注	1 头份
伪狂犬病（活苗）	仔猪断奶后	肌注	1 头份
	种公、母猪每年春季	肌注	1 头份
链球菌菌苗	40~50 日龄	肌注	1 头份
病毒性腹泻疫苗（冠状、轮状病毒）	1~2 日龄仔猪	滴鼻	1/10 头份
	10~20 日龄仔猪	肌注	1 毫升
	母猪产前 15 天	肌注	1 头份

注：肌注为肌内注射的简称。

提示 注射灭活苗的休药期为 7 天，弱毒活苗为 21 天。

（八）常用药物表

分类	名称	规格	剂型	用法	用量	主治	停药期	备注
抗生素类药	乙酰甲喹	纯粉	包袋	拌饲	3克/100千克	预防肠道病	28天	
	盐酸林可霉素	2毫升：0.6克	水针	肌注	10毫克/千克	猪痢疾、链球菌病、呼吸道炎症	15天	
	泰妙菌素		粉针剂	混饲、肌注	10克/200千克、3毫升/千克	支原体病、传染性胸膜肺炎、喘气病	7天	忌与莫能霉素合用
	利福平	片：100毫克	片剂	内服	4毫克/千克	衣原体、结核病、布氏杆菌病、乳房炎	15天	
	硫酸卡那霉素	10毫升：5毫克	水针	肌注	10~15毫克/千克	萎缩性鼻炎、支原体病、乳腺炎	28天	
	0.5%环丙沙星	10毫升：5毫克	水针	肌注	0.5毫升/千克	大肠杆菌、肺炎双球菌	30天	
	10%氟苯尼考	10毫升：1克	水针	肌注	0.4毫升/千克	副猪嗜血杆菌病、胸膜肺炎、副伤寒	14天	
	长效抗菌剂	5毫升/克	针剂	肌注	10毫克/千克	弓形体病、附红细胞体病	10天	
	阿莫西林	粉：1.5克	针剂	肌注	5~10毫克/千克	呼吸道病、链球菌病	15天	
	硫酸阿米卡星	2毫升：100毫克	水针	肌注	7毫克/千克	链球菌病	20天	
	氨苄青霉素	支：25毫克	粉针	肌注	10毫克/千克	猪痢疾、乳房炎、葡萄球菌病	14天	
	2%痢菌净	10毫升：0.2克	水针	肌注	2~5毫克/千克	仔猪白痢、肠炎	28天	

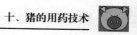

续表

分类	名称	规格	剂型	用法	用量	主治	停药期	备注
生殖系统用药	垂体后叶素	1毫升: 10单位	水针	肌注	5~10单位/次	促进胎衣排出、止血、收缩子宫	20天	
	缩宫素	1毫升: 100单位	水针	静注	20单位/次	收缩子宫、止血	20天	
	黄体酮	1毫升: 20毫克	油剂	肌注	10~20毫克/次	安胎、孕期阴道脱	20天	
	甲基前列腺素	2毫升: 1.2毫克	水针	肌注	2~5毫克/次	促进排卵	20天	过敏时用地塞米松解除
	甲基睾丸素	片: 5毫克	片剂	内服	300毫克/次	种公猪阳痿症、回乳	20天	
	己烯雌酚	片: 5毫克	片剂	内服	10毫克/次	促进子宫发育、催情、人工引产	20天	
	雌二酚	1毫升: 5毫克	水针	肌注	10毫克/次	催情、子宫内膜炎	20天	
解毒类药	亚甲蓝	100毫升: 0.1克	水针	静注/肌注	0.2毫升/千克 / 1~2毫克/千克	亚硝酸盐、氢氰酸、高粱苗中毒	15天	
	硫代硫酸钠	结晶粉	粉/水针	内服/静注	5~10克 / 1~3克	重金属中毒、氢氰酸中毒	无	
	依地酸钠	5毫升: 1克	水针	肌注	30毫克/千克	铅、铜中毒	10天	2小时后用量减1/4
	氯磷定	10毫升: 2.5克	水针	肌注	15~30毫克/千克	有机磷农药中毒	28天	2小时后用量减半
	硫酸阿托品	10毫升: 50毫克	水针	皮下注射	10~30毫克/次	有机磷农药中毒	28天	

续表

分类	名称	规格	剂型	用法	用量	主治	停药期	备注
解毒类药	解氟灵	10毫升：1克	水针	静注、肌注	0.1~0.3克/千克	有机氟中毒	10天	1小时后用量减半
	二巯基丙醇	10毫升：1克	油剂	肌注	2~3毫克/千克	砷、汞、铅中毒	20天	
	抗坏血酸	10毫升：1克	水针	肌注	0.2~0.5克/次	辅助解毒	无	
	10%碳酸氢钠	20毫升：2克	水针	静注	40~120毫升/次	纠正酸中毒	无	
	奎宁	片：0.3克	片	内服	0.3~1克/次	解热、附红细胞体病	7天	孕猪忌用
	奎宁注射液	2毫升	水针	肌注	5~10毫升/次	解热、附红细胞体病	15天	孕猪忌用
解热类药	复方氨基比林注射液	10毫升：1克	水针	肌注	5~10毫升/次	解热、抗风湿	15天	心动过速
	安乃近	10毫升：3克	水针	肌注、滴鼻	0.5~1克/次、1~3滴/次	解热、抗风湿	15天	
	吲哚美辛	片：25毫克	片	内服	1毫克/千克	止痛、解热	10天	仔猪忌注射
	柴胡注射液	10毫升：10克	水针	肌注	5~10毫升/次	解热	无	
	盐酸氯丙嗪	2毫升：50毫克	水针	肌注	1~3毫克/千克	镇静、解热、镇静	30天	顽固性渗出性肠炎
抗过敏药	苯海拉明	片：25毫克	片	内服	1毫克/千克	抗过敏、镇静	30天	应激反应
	非那根	片：12.5毫克	片	内服	1毫克/千克	镇咳、抗过敏	30天	

续表

分类	名称	规格	剂型	用法	用量	主治	停药期	备注
维生素类	维生素B$_1$	2毫升:50毫克	水针	肌注	25~50毫克/次	浮肿、食欲不振、孕后厌食、高热后厌食	无	
	维丁胶性钙		油剂	肌注	300国际单位/千克	佝偻病	无	
	维生素AD针	1毫升:4.5万国际单位	油剂	肌注	2~4毫升/次	夜盲、眼炎、软骨症	无	
	维生素D$_3$针	1毫升:30万国际单位	油剂	肌注	3000国际单位/千克	夜盲、眼炎、软骨症	无	需补钙剂
	维生素B$_{12}$针	1毫升:1毫克	水针	肌注	0.5毫克/次	发热后厌食、贫血、神经紊乱、神经炎	无	
强壮、增强免疫类	葡萄糖酸钙	20毫升:2克	水针	静注	0.1克/千克	产后瘫痪、胃软症	无	
	黄芪多糖	10毫升:0.1克	水针	肌注	0.1毫升/千克	圆环病、蓝耳病及混合感染	无	
	盐酸左旋咪唑	10毫升:0.5克	水针	皮下注射	6毫克/千克	免疫增强剂、驱虫		
	25%硫酸镁	10毫升:2.5克	水针	静注或肌注	1~2克/次	炎性水肿、膈肌痉挛	无	
	樟脑磺酸钠	10毫升:1克	醇针	肌注	5~10毫升/次	兴奋呼吸、强心	无	
	尼可刹米	2毫升:1克	水针	肌注	1~3毫升/次	兴奋血管运动中枢、苏醒剂	无	
	铁钴针	2毫升:50毫克	水针	肌注	1~2毫升/次	仔猪缺铁性贫血	无	

续表

分类	名称	规格	剂型	用法	用量	主治	停药期	备注
消化道常用药	乳酶生	片：0.1克	片	内服	1~2克	乳酸活菌，抑制腐败菌生长	无	
	干酵母	粉		混饲	1~2克	促使淀粉分解	无	
	小苏打	粉	袋	混饲	2~10克/次	健胃制酸	无	
	碳酸钙	粉	袋	混饲	3~10克/次	制酸、止泻	无	
	硫酸钠	结晶	袋	内服	20~50克/次	便秘、泻下、健胃	无	
	药用炭	片：0.1克	片	内服	5~10克/次	止泻、吸附毒素	无	

注：肌注为肌内注射的简称，静注为静脉注射的简称。

（九）常用消毒剂

名称	剂型	使用范围	配比	用法	用途	注意事项
氢氧化钠（火碱）	块（棒）状	圈舍、车船、工具	2%~3%水溶液	喷洒	细菌、病毒、芽孢、虫卵	忌用于金属、皮肤
煤酚皂溶液（来苏儿）	5%油状液体	圈舍、地面	5%水溶液	喷洒	细菌、真菌	
福尔马林（甲醛）	40%水溶液	浸泡医疗器械	2%水溶液	浸泡	杀灭细菌、病毒、芽孢	
氧化钙块（生石灰）	白色块状	圈舍地面	加水粉化或20%水溶液	干撒或喷水溶液	杀灭细菌、病毒、芽孢、虫卵	
过氧乙酸（醋酸）	20%水溶液	空气、猪体、车船、圈舍	0.3%~0.5%	喷雾	细菌、病毒	
含氯石灰（漂白粉）	白色粉或片，有怪味	污水道、下水沟	每吨水300克	混合均匀	杀灭室内粪便中细菌、病毒、虫卵	
熏蒸消毒剂	甲醛与高锰酸钾	室内空气消毒	每立方米甲醛14毫升，高锰酸钾7克	现配现用	杀灭室内细菌、病毒	严防火灾发生
二氯异氰尿酸钠（菌毒净）	白色粉剂	圈舍、车船、工具	25克加水1千克0.5克加水1千克	喷雾室内、饮用水内	场地、猪舍、猪体表饮用水具、水池	

续表

名称	剂型	使用范围	配比	用法	用途	注意事项
威力碘	棕色液体	圈舍、车、船、工具	1∶100 1∶400	喷雾	杀灭细菌、病毒、芽孢	
新洁尔灭	浅黄色液体	皮肤、医疗器械、诸黏膜	手术用 0.2% 口腔 0.05%	浸泡、冲洗黏膜	手术区消毒、病毒、冲洗子宫、阴道	
石炭酸	低温凝固、高温液体	圈舍环境、粪便	2%~5%	喷雾	杀菌、灭病毒	
克辽林	棕色液体	粪便、圈舍	1%水溶液	喷洒	杀菌、灭病毒	
草木灰	粉状	圈舍、食槽	20%水溶液	喷洒	杀菌、消毒	忌与新洁尔灭合用

（十）医疗用消毒剂

名称	剂型	配方	用法	用途	注意事项
兽用碘酊	10%醇液	碘片100克、碘化钾20克、蒸馏水20毫升、75%乙醇1000毫升	外用	皮肤、外科手术、注射局部	忌和淀粉接触
复方碘溶液	5%稀碘液	碘片5克、碘化钾10克、蒸馏水加至100毫升	囊腔注入	滑液囊注入及气管内注入	
龙胆紫（甲紫）	5%甘油水溶液	龙胆紫5克、甘油5克、蒸馏水加至100毫升	外用内服	外涤烧伤、溃疡、驱虫	
樟脑酒	乙醇溶液	樟脑10克、95%乙醇100毫升	外用	消肿止痛、促进血液循环	
4.3.1合剂	液体混合物	樟脑酒4份、氨搽剂3份、松节油1份	外用	促进外伤局部血液循环	氨搽剂配方是氨水1份、香油4份
兽用消炎粉（安得力斯）	粉剂混合物	醋酸铅10份、枯矾5份、樟脑2份、薄荷粉1份、白陶土82份	加水调和成糊状，外涤患部	外伤性血肿、炎性充血肿胀	涤搽后保持湿润，若干结可再洒水
硼酸	白色粉	2%~4%水溶液	外用	眼科、产科消毒剂	

附 猪病诊断三字经

细菌性传染病

（一）链球菌病

链球菌，致猪病，[①]
乳猪患，脑炎型，
体温高，懒得动，
先呕吐，后神经，
四肢瘫，醉酒形，
死亡快，短病程。
断奶后，败血型，[②]
突高热，眼睛红，
薄皮处，红紫青，
多血尿，头部肿。
成年猪，关节型，[③]
四肢肿，呈跛行。
关节炎，腰背弓，
病程长，呈慢性。

①哺乳仔猪呈脑炎症状。
②断奶仔猪呈败血型，尿血，全身出血，发青紫色。
③成年猪，呈慢性，关节炎。
治疗原则：隔离消毒，磺胺药治疗。

（二）副猪嗜血杆菌病

突高热，咳与喘，
腹下部，皮发绀，
四肢僵，关节炎，
眼皮肿，浆膜炎，
剖检时，肺粘连。
病十五，死一半。①

①指发病率15%，死亡率占发病数的50%。
治疗原则：10%氟苯尼考按0.4毫升/千克体重，一次肌内注射。头孢喹诺，50毫克/千克体重，一次肌内注射，1天1次，连用3天。

（三）传染性萎缩性鼻炎

本病症，鼻鼾声，①
流鼻血，肿鼻孔。
打喷嚏，鼻变形，
嘴磨地，头转动，
采食时，突然停。②

①鼻腔发出咕噜声音。
②当饮水和吃液体饲料时，会突然抬头，张口出气。
防治原则：硫酸卡那霉素按4万单位/千克体重，肌内注射，1天2次，连用3天。

（四）增生性肠炎

青年猪，拉血便，
突然死，最常见，①
贫血状，生长慢，
坏死性，结肠炎，
肠壁厚，溃疡斑。②

①死因是肠穿孔。
②结肠肠壁增厚并有溃疡斑。
防治原则：泰妙菌素。

（五）仔猪白痢

乳猪患，白痢病，
拉白屎，渴欲增，
粪污染，整个腚，①
消瘦快，害怕冷，
腹泻时，肚子痛。

①稀粪便污染屁股和后腿。
治疗原则：用庆大霉素水加蜂蜜，涂抹母猪乳头，1天3次，6次即可。

（六）仔猪红痢

红痢病，梭菌染，①
不吃奶，毛松乱，
走动晃，拉血便，②
临死前，全身战。

①指本病病原是C型魏氏梭菌。
②走动摇摆，拉西红柿水样粪便。
治疗原则：只有提前注射菌苗预防。

（七）仔猪副伤寒

伤寒病，沙氏染，①
断奶后，最多见，
拉绿屎，肛门炎，
体尖端，呈紫蓝，②
死亡多，耐过难，
腹皮红，出血点，
肠溃疡，麸皮斑。③

①本病病原是沙门氏杆菌。
②鼻端、耳尖呈蓝紫色。
③小肠黏膜有烂斑，如麸皮样不规则烂面。
治疗原则：氟苯尼考按40毫克/千克体重内服，1天1次，连服3天。

（八）猪丹毒

突然病，在夏天，[①]

发高热，四十三，[②]

眼充血，大便干，

脊背部，菱形斑，

指压后，红不见，[③]

菜花样，心膜炎。[④]

①指本病多在夏天流行。

②体温升高达 43℃。

③指背疹块指压红色褪去。

④指剖检时心内膜有菜花样病变物。

治疗原则：青霉素 240 万单位溶于鲜鸡蛋清 10 毫升，一次肌内注射，1 天 1 次，连用 3 天。

（九）水肿病

本病属，小猪病，[①]

究原因，菌毒生，[②]

时兴奋，眼皮肿，

喉头肿，嘶哑声，

腹下肿，皮肤红，

严重时，肿头胸。

①多见于断奶后小猪发生本病。

②病原为溶血性大肠杆菌。

治疗原则：硫酸卡那霉素，按 15 毫克/千克体重，一次肌内注射，1 天 2 次；0.1% 亚硒酸钠肌内注射 1~2 毫升。

（十）破伤风

破伤风，强直症，[①]

阉割后，七天病，

牙关紧，叫唧声，

尾卷曲，眼肉生，[②]

腹吊缩，木马形。

遇刺激，目蹄蹬。[③]

①全身强直性痉挛。

②指瞬膜外露。

③指遇强光声音刺激后，目瞪腿蹬。

治疗原则：拔除病灶，彻底消毒，早期血清疗法。

（十一）坏死杆菌病

坏死菌，皮肤炎，
成与仔，易感染，[①]
脊背处，两肋面，
溃疡处，像猪眼，[②]
周围高，中央陷，
呈黑色，如火山。

①仔猪与育肥猪多发生。
②病灶外观很像猪眼，周围红，中央呈黑色，故俗称"眼子病"。

治疗原则：土霉素静脉注射，局部涂碘仿软膏。

（十二）李氏杆菌病

本病像，伪狂犬，[①]
冬季生，脑发炎，[②]
前肢抖，后肢瘫，
兴奋时，圆圈转，
腹皮疹，在下边，[③]
死亡快，病程短。

①指李氏杆菌病似伪狂犬病，有脑炎，有季节性。
②指多在冬季散发。
③腹部下边出现皮疹。

治疗原则：应淘汰，不予治疗，防止疫情扩散。

（十三）猪肺疫

巴氏菌，咽喉炎，[①]
发高热，张口喘，
鼻流涕，咳痉挛，
口鼻色，呈紫蓝，
有腹泻，结膜炎。[②]

①指本病病原为多杀性巴氏杆菌，咽喉肿胀。
②有的猪肠炎腹泻，有的猪眼结膜充血发炎。

治疗原则：10%氟苯尼考按 0.4 毫升/千克体重一次肌内注射，1天 1 次，连用 3 天。

（十四）炭疽病

炭疽病，猪能感。[1]
有抗力，症状缓，
仅表现，咽喉炎。
嘴鼻端，呈紫蓝，
屠宰时，才能现，
淋巴结，像红砖。[2]

[1]猪对炭疽病不敏感，但也感染。
[2]在屠宰场进行肉检，可见淋巴结肿大，呈砖红色。
治疗原则：不予治疗，应淘汰，焚毁。

（十五）痢疾

猪痢疾，短螺体，[1]
先屙血，后拉稀，
脱肠膜，泻黏液，
肚子痛，血粪积，
群发性，高死率。[2]

[1]指病原为猪痢疾短螺旋体。
[2]发病率为90%，死亡率为50%。
治疗原则：可疑病例拔除，淘汰，消毒。预防：泰乐菌素按100克/吨饲料，连喂5天，二甲硝咪唑内服。

（十六）急性出血性肠炎

起病急，突下痢，
粪血红，还喘息，[1]
呈虚弱，瘫卧地，
贫血状，近死期，
魏氏菌，是A体。[2]

[1]指粪中混有红色血液。
[2]指病原体是A型魏氏梭菌。
治疗原则：立即肌内注射0.1%亚硒酸钠1~2毫升。

（十七）布氏杆菌病

布氏病，主流产，
多跛行，睾丸炎，
性成熟，最易感，
孕初期，即流产，[1]
体温升，形似眠，
病程期，七八天，
后遗症，关节炎。

①本病多在孕初期流产。
治疗原则：预防为主，对疑似病例，淘汰。

（十八）土拉杆菌病

土拉病，春流行，[1]
体温高，懒得动，
病原体，精子形，
淋巴结，多数肿，
颌下结，多化脓。

①本病多在春季流行。
治疗原则：盐酸土霉素静脉注射。

（十九）大肠杆菌乳房炎

埃希菌，乳房肿，[1]
分娩后，即发生，
体温高，触坚硬，
不爱仔，泌乳停。
乳汁稀，偏碱性。[2]

①大肠埃希杆菌。
②正常乳汁 pH 值是 6.5，本病超过 7。
治疗原则：内服利福平，按 4 毫克/千克体重，1 天 1 次，连服 3 天。

（二十）林氏放线杆菌病

放线菌，芒刺生，①

外伤后，生此病，

患病处，乳房中，

内脏处，生脓肿，

脓肿形，圆而硬，

数日后，软波动，

破溃后，流灰脓。②

①指本病因麦芒刺伤而感染。

②脓汁呈小米汤样（有颗粒）。

治疗原则：切开排脓，碘酊引流。

（二十一）仔猪葡萄球菌病

球菌病，皮肤炎，①

皮脂溢，潮湿般，②

先充血，后溃烂，

结痂后，黑明斑，③

菌血症，肺发炎。

①指葡萄球菌性皮炎。

②指本病特征为皮脂渗出，全身湿疹。

③脓流出，结痂后呈黑色硬壳。

治疗原则：青霉素静脉注射，皮肤溃疡涂磺胺软膏。

（二十二）仔猪霉形体病

霉形体，致猪病，

断奶后，常发生，

关节炎，飞节肿，①

咳嗽喘，卧不动，

无食欲，多跛行，

诸浆膜，均红肿。②

①指后肢跗关节（飞关节）肿大。

②内脏浆膜充血，有纤维素粘连。

治疗原则：肌内注射泰乐菌素10毫克/千克体重，1天1次，连用3天。

（二十三）猪玫瑰糠疹

玫瑰疹，形似糠[1]

仔猪患，皮肤痒，

呕吐泻，时不长，

吐泻停，出症状，

腹下部，湿疹样，[2]

红疹消，结痂黄。

①指哺乳仔猪的皮肤形似红色糠皮样。

②呕吐和腹泻停止后，出现本病症状，皮肤出现玫瑰疹。

治疗原则：抗过敏疗法。丘疹涂碘仿软膏。

病毒性传染病

（一）圆环病毒病

哺乳猪，先（天）震颤，[1]

遇刺激，颤明显，

严重的，吮乳难，[2]

断奶后，诸脏瘫，[3]

先贫血，后黄疸，

体温高，咳与喘，

淋巴肿，乳基烂，

皮肤上，有烂斑。[4]

①指表现先天性震颤。

②指严重震颤时因无法衔母猪乳头而无法吃奶。

③断奶后的猪染病后，表现诸内脏严重衰竭。

④指淋巴结肿大，母猪乳房基部皮肤发炎。

治疗原则：黄芪多糖疗法。

（二）蓝耳病

蓝耳病，病毒传，[1]

怀孕猪，多感染，

初高热，后嗜眠，

眼皮肿，耳呈蓝，[2]

产死胎，多流产，

①指该病病原为猪繁殖与呼吸综合征病毒。

②指病后耳朵呈紫蓝色，另外所产弱仔，其眼皮、颈下出现水肿，是该病的特有症状。

呼吸快，呈肺炎，

青年猪，先发喘，

有呕吐，有眼炎，

皮肤红，身寒战，

有跛行，关节炎。

防治原则：提前进行防疫注射，药治同圆环病毒病。

（三）流行性感冒

猪流感，春秋见，

先发热，后寒战，

病原型，属甲感，①

先咳嗽，后发喘，

流鼻涕，大便干，

突流行，群感染，②

四肢僵，关节炎，

共患病，人易感，③

特征是，肺发炎，

对儿童，最危险。

①指猪流感病原极似人的甲型流感病毒。

②指本病呈突发性，大流行。

③当该病原突变后，能成为人畜共患病。

防治原则：肌内注射板蓝根和氨基比林。

（四）猪瘟

烂肠瘟，发高热，

四季有，唯冬高，①

眼屎多，贴睫毛，

肠溃疡，扣状疱，②

皮出血，大红袍，③

腹下部，如香烧。④

①指无季节性，但冬季发生最多。

②指大肠黏膜有扣状溃疡斑。

③指病初全身皮肤发红，充血。

④腹下部皮肤有散在性出血性点，如香烧烙样斑点。

治疗原则：只有提前防疫，仔猪吃初乳前注射疫苗，母猪配种前3周时，接种疫苗。

（五）伪狂犬病

伪狂犬，疱疹毒，[①]
能感染，多动物，[②]
哺乳猪，常呕吐，
神经乱，多抽搐[③]
头歪斜，还泻肚，[④]
成猪隐，死小猪。[⑤]

①本病病原为伪狂犬病毒，属于疱疹病毒属。
②即易感动物很多，鼠、猪、羊、牛、兔等都易感。
③神经紊乱，运动异常，全身痉挛。
④咳嗽、发喘、腹泻是本病特征。
⑤成年猪感染后症状轻微呈隐性，仔猪感染后则症状严重，死亡率极高。
防治原则：提前注射疫苗。

（六）传染性胃肠炎

本病特，仅猪感，[①]
流行期，在冬天，
突水泻，黄色便，
先呕吐，后寒战，
幼猪死，成猪安。[②]

①本病的特点是只感染猪。
②仔猪死亡率达 80%，而成猪呈良性经过，一过性腹泻，很快自愈。
防治原则：做好隔离消毒，切断疫源。

（七）猪水疱性口炎

口腔炎，体温高，
病变处，多无毛，[①]
鼻口趾，出水疱，
乳房上，脓疱高，
犬羊阴，马发热。[②]

①发生脓疱处在有毛与无毛交界处，如鼻边、蹄冠、口唇处和乳房上。
②本病不感染犬羊，而马属动物能引起体温升高和口腔发炎。
防治原则：对常发生地区注射疫苗，碘甘外涂患处。

（八）水疱性疹

水疱疹，体温高，[①]
口舌蹄，出水疱，
病变处，多无毛，
水疱破，即退热，[②]
群发生，预后好。
只染猪，染他少。[③]

①病初体温升高至 42℃。
②水疱破裂后，即退热。
③本病猪易感染，而不感染其他动物。
防治原则：切断传染源，碘甘油溶液疗法。

（九）口蹄疫

口蹄疫，传染病，
嘴蹄烂，多跛行，
溃疡部，入蹄踵，
蹄壳脱，难走动，[①]
流口涎，红又肿，
心衰竭，多无命，
马不患，偶蹄病。[②]

①蹄冠烂斑污染后，会引起蹄壳脱落。
②单蹄兽不感染（马、骡、驴），只感染牛、羊、猪。
防治原则：封锁疫区，隔离病猪，用对口疫苗提前接种，碘甘外涂患处。

（十）猪痘

猪患痘，先眼炎，[①]
泪水多，眼红染，
毛少处，出红斑，[②]
变丘疹，即破烂，
结黑痂，有痒感。[③]

①病初首先眼结膜发炎。
②多在全身皮薄毛少处，如眼皮、腿内侧、腹下部，出现痘疹。
③后期结痂后出现痒感。
防治原则：消灭吸血昆虫，隔离消毒，碘甘外涂。

（十一）细小病毒病

细病毒，烧不得，[①]

易感猪，是头胎，[②]

超期孕，产死胎，

死胎儿，分黑白，[③]

滞胎衣，最难排，

二胎后，不再得。[④]

①本病体温正常。

②最易感染本病的是头胎母猪。

③产出死亡胎儿，分黑色、白色。

④二胎后，就不会再发生流产和死胎。

防治原则：配种前接种疫苗。

（十二）先天性震颤

刚出生，仔猪颤，

有规律，后肢弹，

卧下轻，走动严，[①]

十日后，病自安，

种猪毒，是病源。[②]

①卧地休息时停止震颤，站立走动震颤严重。

②本病是由种公猪遗传给仔猪的。

防治原则：防止垂直传染，尤其种公猪。

（十三）轮状病毒病

哺乳猪，泻奶瓣，

呕吐物，乳酪般，

拉绿水，肛门贴，

群发性，病程短，

哺乳童，亦可染。[①]

①本病亦可感染哺乳儿童。

防治原则：口服补液盐方法。

（十四）非洲猪瘟

非洲瘟，全身肿。[①]

初高热，口眼红，[②]

热退时，症状重，[③]

①非洲猪瘟的特征是全身发生水肿。

②指口腔和眼黏膜充血发红。

口鼻涎，往外涌，^④
体内外，血斑生。

③高热消退后，才出现本病的特殊症状。

④指诸黏膜出现浆液炎症，大量流鼻涕和口水。

防治原则：发现可疑病例，应全部焚毁，防止疫情扩散。做好引进猪的检疫工作。

（十五）乙型脑炎

乙脑炎，虫传染，
感染多，不明显，^①
繁殖猪，最常见，
公肿睾，母流产，
睾萎缩，性欲减，
异常产，死活半，^②
滞胎衣，泌乳减，
母断奶，发情晚。

①本病感染率很高，但多呈隐性，不出现明显症状。

②只见孕母猪流产，产死胎，且死胎占分娩的仔猪一半左右。

防治原则：消灭蚊蝇，疫苗接种。

（十六）狂犬病

狂犬病，疯狗伤，^①
叫声变，嘶哑腔，^②
鼻拱地，口涎淌，
时兴奋，时睡状，
后期瘫，快死亡。

①被患疯狗病犬咬伤后而引起。

②因咽喉麻痹，叫声嘶哑。

防治原则：立即焚毁深埋，消灭疫源。

（十七）脑心肌炎

脑心炎，属心毒，[1]
先高热，后泻肚，
突然死，且无故，[2]
慢性例，出气粗，
渐进性，腿麻木，[3]
会流产，产死猪，
查疫源，是老鼠，
人易感，应防护。

①病原为脑心肌炎病毒，属于心病毒属。
②无任何变化而突然死亡。
③渐进性四肢麻痹。
防治原则：提前接种疫苗，做好粪便管理和消毒。

（十八）猪巨细胞病毒感染

鼻腔炎，流清涕，
初兴奋，无食欲，
鼻端痒，常拱地，
跗节肿，腿无力，[1]
分娩时，产死体，[2]
胸腹腔，积液体。

①指跗关节和颌下部水肿。
②分娩时，有死亡胎儿或出生后立即死亡。
防治原则：只有做好隔离消毒。

（十九）猪流行性腹泻

流行泻，仔猪得，
发病率，百分百，
呕吐泻，脱水快，[1]
成猪患，无大碍，[2]
只腹泻，康复快。

①指本病症状是呕吐，水泻，消瘦，脱水，很快死亡，死亡率50%以上。
②成年猪表现一过性腹泻，3～4天自愈。
防治原则：口服补液疗法。

（二十）弓形体病

弓虫病，体温高，
眼屎多，稽留热，[①]
孕流产，活胎少，[②]
大便干，嘶哑叫，
腹下红，耳尖挠，[③]
淋巴肿，在体表，[④]
传染源，在家猫。

①眼炎，眼屎多，高热稽留。
②怀孕猪多流产且胎儿多死亡。
③腹下皮肤充血发红，耳朵尖部
干性坏死，卷缩。
④体表淋巴结肿大。
治疗原则：大安针静脉注射。

（二十一）附红细胞体病

附红体，血原虫，[①]
多雨季，常发生。
发高热，懒得动，
呈黄疸，皮肤红，
身发抖，乳房肿，
耳边紫，毛孔红。[②]

①本病是由血液原虫寄生于红细
胞壁和血浆中的原虫引起。
②指耳边呈紫红色，背部毛孔出
血呈红色。
防治原则：贝尼尔疗法。

（二十二）猪喘气病

猪喘病，肺支原，[①]
特征是，咳与喘，
病程长，生长慢，
低头咳，张口喘，
肺心叶，多实变。[②]

①本病病原是支原体（霉形
体）。
②剖检肺心叶、尖叶实变，呈胰
样变。
治疗原则：泰乐菌素混饲，连喂
10天。

（二十三）钩端螺旋体病

螺旋病，夏季见，
发高热，呈黄疸，①
尿血红，大便干，
胆肿大，眼发炎，
淋巴肿，孕流产。②

①体温升高至 41~42℃，可视黏膜黄染。
②体表淋巴结肿大，孕猪会发生流产。
治疗原则：链霉素按 10 毫克/千克体重，一次肌内注射，连用 3 天。

（二十四）猪呼吸道疾病综合征（PRDC）

呼吸道，综合征，
致病原，菌毒并，①
先发热，眼流脓，
咳与喘，呈慢性，
剖检时，肺水肿，
肺肉变，是典型。②

①指病原体复杂，多为细菌与病毒性传染病，混合感染或后遗性续发症。
②指剖检时，肺实质变质，呈熟鱼肉样。
治疗原则：保守疗法，补脾，健胃，增强免疫抗体。

中毒性疾病

（一）食盐中毒

剩饭菜，咸鱼汤，
猪吃后，全身僵，
阵发性，癫痫样，
空口嚼，白沫淌，①
眼球抽，如瞎盲，②
圆圈转，脉努张。③

①指口吐白色泡沫。
②指眼球抽搐，双目失明。
③指转圈运动，耳静脉努张。
解毒原则：放耳尖血，静脉注射葡萄糖酸钙。

（二）亚硝酸盐中毒

烂白菜，煮锅中，
采食后，十分钟，[1]
先呕吐，喘不停，
皮肤白，嘴唇青，[2]
血黑紫，不会凝，[3]
食量大，先发病。

[1]采食后，很快发生中毒。
[2]指中毒后嘴、耳呈青紫黑色。
[3]指血液呈酱油色，不会凝固。
解毒原则：放耳尖血，1%亚甲蓝按1毫升/千克体重肌内注射。

（三）棉籽饼中毒

棉籽毒，母猪患，[1]
腰背弓，全身战，
眼发红，大便干，
尿结石，视力减，[2]
体温高，呈黄疸。

[1]孕母猪最易发生棉籽饼中毒。
[2]棉籽饼中毒会引起维生素A缺乏，出现尿结石和视神经萎缩，视力下降。
解毒原则：下泻排毒，硫酸镁内服。

（四）菜籽饼中毒

菜籽饼，有毒性，
猪吃后，尿色红，
多腹泻，咳不停，
肚子胀，有疝痛，
诸浆膜，血斑生。[1]

[1]剖检见内脏浆膜均有出血点发生。
解毒原则：内服酸牛奶，肌内注射藿香正气水5~10毫升。

（五）亚麻籽中毒

亚麻饼，含氰基，[1]
中毒后，肌无力，
口色红，呼吸急，[2]
先呕吐，后下痢，
先兴奋，后昏迷，
腹剧痛，心惊悸。

[1]氰基在体内可转化为氢氰酸，成为剧毒物。
[2]氢氰酸可使血氧代谢障碍，不能进入内呼吸而积聚在血液内，使血液呈鲜红，所以口色鲜红。
解毒原则：肌内注射1%亚甲蓝，静脉注射硫代硫酸钠。

（六）蓖麻籽中毒

蓖麻毒，心肌衰，
先呕吐，尿闭塞，
肌痉挛，神志呆，
常倒地，起不来，[1]
二便中，血液排。[2]

[1]指重症肌无力。
[2]指胃、肠、肾、膀胱出血，由肛门和尿道排出。
解毒原则：内服泻剂硫酸钠，肌内注射安钠咖。

（七）酒糟中毒

中毒原，有醋酸，[1]
无食欲，呈黄疸，
多腹泻，皮肤炎，
悬蹄后，皮溃烂，[2]
肺水肿，孕流产。

[1]酒糟中残存乙醇，日久氧化成醋酸。
[2]四肢系部皮肤坏死、溃烂。
解毒原则：中和醋酸，内服小苏打、茶叶、红糖水。

（八）黑斑病红薯中毒

苦味质，中毒喘，[1]
心动速，神志乱，
四肢端，呈凉感，

[1]黑斑病红薯的有毒物质是苦味质。
[2]指阵发性、全身痉挛。

情苦闷，阵痉挛，[2]
肠麻痹，大便干。

解毒原则：纠正内呼吸障碍。硫
代硫酸钠、维生素 C 静脉注射，
肌内注射尼可刹米。

（九）黄曲霉中毒
黄曲霉，毒性强，
头颈歪，四肢僵，
没精神，黏膜黄，
内出血，在直肠，[1]
孕流产，头顶墙，
致癌强，都死光。[2]

①指直肠大量出血积血。
②黄曲霉毒素是强的致癌物质，
死亡率达 100%。
解毒原则：内服盐类泻剂硫酸钠
（镁）。

（十）赤霉菌中毒
赤霉菌，小麦生，
胃肠炎，体减轻，
孕流产，阴道肿，[1]
阵发性，肚子疼。

①指怀孕猪常发生流产，整个阴
道充血、出血、肿胀。
解毒原则：内服石榴皮。

（十一）霉饲料中毒
霉饲料，中毒症，
咽喉炎，淋巴肿，[1]
肌痉挛，在头颈，
尿路炎，排尿红，
心律乱，会突停，[2]
忽倒地，后复生。

①体表淋巴结肿大。
②心脏跳动传导障碍，会出现心
跳突然停止，但片刻又恢复。
解毒原则：静脉注射葡萄糖、维
生素 B_{12}、乌洛托品。

（十二）麦角中毒

麦角菌，生穗中，
猪吃后，泌乳停，[①]
孕流产，仔猪轻，[②]
死胎多，无乳症，
耳和尾，呈紫红，
干坏死，不会肿。

①泌乳母猪会发生泌乳停止。
②流产后所产仔猪个体小而体重很轻，多数已死亡。

解毒原则：下泻排毒，木炭吸附。

（十三）荞麦中毒

荞麦毒，能感光，
日照后，白皮痒，[①]
皮肤红，多肿胀，
起红斑，如狼疮，
先兴奋，后眠状。[②]

①体表白色皮毛处发痒、发炎。
②指先兴奋，后昏睡。

解毒原则：病猪置阴暗处，防止日光照射。

（十四）苜蓿中毒

苜蓿毒，似荞麦，[①]
皮肤炎，紫红块，
化脓后，即破裂，
结痂后，呈黑色。

①苜蓿也和荞麦一样含有感光性物质。

解毒原则：同荞麦中毒。

（十五）紫云英中毒

紫云英，中毒慢，[①]
典型状，后肢瘫，
怀孕畜，多流产，
牙松动，出黑斑，[②]
尾毛脱，全身颤，
兴奋状，神不安。

①紫云英是富硒植物，实际也排除不了硒慢性蓄积中毒。
②牙齿松动，釉质变成黑色。

解毒原则：内服明矾，每次 0.5 克，连服 3 天，肌内注射 25%硫酸镁。

（十六）黄瓜秧中毒

黄瓜秧，忌喂猪，
采食后，会中毒，
先腹泻，后呕吐，
口流水，倒地搐。

解毒原则：肌内注射 0.5% 阿托
品 2～3 毫升，用安定注射液镇
静。

（十七）水浮莲中毒

水浮莲，含草酸，
空口嚼，全身颤，
木马样，直痉挛，
水样泻，排尿难。

解毒原则：内服石灰水，镇静；
注射氯丙嗪。

（十八）腐烂白菜中毒

腐烂菜，含硝酸，[1]
猪吃后，多流涎，
嘴鼻青，神不安，[2]
皮苍白，肌痉挛，[3]
血酱色，全身瘫。[4]

[1]白菜、包菜、南瓜秧腐烂转化
成的亚硝酸盐。
[2]指口鼻呈青紫色。
[3]全身皮肤苍白色。
[4]血液呈酱油色。
解毒原则：1% 亚甲蓝静脉注射
或肌内注射。

（十九）肉毒梭菌中毒

肉毒菌，中毒瘫，
潜伏期，五六天，
舌麻痹，口流涎，
头颈僵，四肢软，
眼睑垂，似骨眼，[1]
心动速，呼吸难。

[1]指第三眼睑肿胀突出遮盖眼。
解毒原则：皮下注射山梗碱 50
毫克。

（二十）鱼类泔水中毒

鱼下料，吃多了，[1]
呈黄疸，嘶哑叫，
头颈肿，排尿少，
脂肪黄，叫黄膘，[2]
渴欲增，行走摇，
采食量，不减少。[3]

[1]猪长期采食鱼的下脚料。
[2]只有在屠宰时发现全身黄染，俗称黄膘猪。
[3]这里指食欲正常。
解毒原则：补充维生素 E，饲料中增加紫云英粉。

（二十一）尸胺中毒

肉腐败，生尸胺，[1]
猪食后，后肢瘫，
吐与泻，胃肠炎，
体温高，肉寒战，
阵发性，似癫痫。[2]

[1]指饭店泔水的杂肉腐败后喂猪。
[2]指阵发性倒地抽搐，大小便失禁。
解毒原则：0.1%肾上腺素肌内注射。

（二十二）沥青中毒

沥青毡，过敏原，[1]
猪接触，皮肤炎，
荨麻疹，有痒感，
先贫血，后黄疸，
突死亡，呼吸难。[2]

[1]猪对沥青及其混合物极为敏感，可引起强烈的应激反应。
[2]常因应激性、渗出性肺水肿而窒息死亡。
解毒原则：同灰灰菜中毒。

（二十三）有机磷中毒

有机磷，农用药，[1]
中毒后，口流沫，
身发抖，瞳孔缩，

[1]指敌敌畏、乐果、敌百虫等。
解毒原则：注射拮抗药阿托品、中和药氯磷定。

突倒地，心衰弱，

常腹泻，出汗多，

治疗迟，很难活。

（二十四）氯化钴中毒

氯化钴，熏蒸剂，[1]

吸入肺，流血涕，

眼充血，心惊悸，

体温高，水肿肺，

呼吸难，犬卧地。[2]

①本品常用来熏蒸杀虫，仓库消毒杀虫。

②因缓解呼吸困难而呈犬坐姿势。

解毒原则：静脉注射氯化钙与地塞米松。

（二十五）磷化锌中毒

呕吐物，似蒜葱，[1]

皮出血，尿色红，

水样泻，肚子痛，

口黏膜，红又肿，

粪便中，荧光生，[2]

解毒剂，硫酸铜。[3]

①中毒时呕吐物有大蒜、葱的气味。

②粪便在黑暗处会发生荧光。

③铜离子可阻止磷化氢生成。

解毒原则：内服1%硫酸铜。

（二十六）安妥中毒

安妥毒，使肺肿，[1]

张口喘，怪叫声，

先呕吐，渴欲增，

肺啰音，如水声。[2]

①安妥中毒后主要使肺发生肺水肿。

②听诊肺部有水泡音。

解毒原则：内服酸牛奶，激素与苯海拉明注射。

（二十七）铅中毒

铅中毒，关节炎，
前肢肿，走动难，
口流水，肌肉战，
空磨牙，叫声尖，
瞪眼瞎，看不见。

解毒原则：静脉注射依地酸钙钠。

（二十八）铜中毒

硫酸铜，伤神经，
中毒后，不会动，[1]
皮肤黄，尿呈红，
肌松弛，知觉停，[2]
多腹泻，流涎症，
粪带血，腹部疼，
病程长，呈慢性，
尿量少，严重停。

[1]指神经传导障碍，全身肌肉不能活动。
[2]全身肌肉松弛，失去知觉。
解毒原则：肌内注射葡醛内酯，内服1%黄铁盐水溶液20毫升。

（二十九）砷中毒

砷中毒，分急慢，
急性病，口流涎，
呕吐泻，全身战，
不安宁，身出汗，
死亡快，病程短，
慢性病，最常见，[1]
胸骨肿，眼发炎，
皮肤红，四肢软，
毛稀少，孕流产。
没精神，视力减。

[1]添加剂过量引起。
解毒原则：硫酸亚铁、氧化镁合剂内服。急性时配合二巯丙醇肌内注射。

（三十）痢特灵（呋喃唑酮）中毒

痢特灵，超量喝，

中毒后，神经错，[1]

歪头走，倾斜着，

四肢僵，不灵活，

肌肉抽，多侧卧。

①这里指神经错乱，全身不自主痉挛，抽搐。

解毒原则：葡萄糖、维生素 C 静脉注射，肌内注射维生素 B_1。

寄生虫病

一、原虫病

（一）住肉孢子虫

肉孢虫，寄肋肌，[1]

呈白点，形似米，[2]

严重时，肌无力，

体温高，常拉稀，

传染源，犬猫居。[3]

①指该虫寄生在肋间肌肉中。

②在肋肌上呈白色小米样大小的虫体。

③指由于猪、犬、猫居住一块而感染。

驱除原则：内服吡喹酮疗法。

（二）旋毛虫

旋毛虫，源于鼠，[1]

日渐瘦，叫声苦，

全身僵，难走路，

沿面肿，常呕吐。

①猪采食死老鼠后而感染。

驱除原则：同住肉孢子虫疗法。

（三）球虫病

高温雨，湿季节，

球虫病，常屙血，

①指瘦弱，食欲不好。

驱除原则：内服磺胺甲噁唑或莫

日渐瘦，采食劣，[1]
毛粗乱，多贫血。

能霉素。

（四）锥虫病
锥虫病，夏季生，
传染者，吸血虫，[1]
皮肤白，贫血重，
间歇热，淋巴肿，[2]
心衰弱，尿棕红，
全身性，水肿病。

①指吸血昆虫。
②指体表淋巴结肿大。
驱除原则：血虫净静脉注射。

（五）结肠小袋虫病
小袋虫，结肠炎，
仅见于，小猪患，
顽固泻，胶黏便，
食欲好，生长慢，
大肠壁，溃疡斑。

驱除原则：甲硝唑 30 毫克/千克
一次内服，1 天 1 次，连服 4 天。

二、线虫病
（一）蛔虫病
猪蛔虫，小肠中，
先咳嗽，后毛松，[1]
皮肤白，消瘦形，[2]
堵胆管，急腹症，
空口嚼，肛门红。[3]

①指被毛松乱。
②指皮肤苍白，贫血。
③肛门充血、发红，磨牙。
驱除原则：内服左旋咪唑、阿苯
达唑。

（二）类圆线虫病

类圆虫，月龄病，[①]
拉黏液，混血中，[②]
皮湿疹，痒不停，[③]
小肠壁，充血肿。

①指本病多发生于 40 日龄以下仔猪。
②指腹泻粪便呈黏液性并含有血。
③指皮肤上出现湿疹，奇痒。
驱除原则：内服甲紫及驱虫净。

（三）鞭虫病

猪鞭虫，盲肠中，[①]
长期泻，毛蓬松，[②]
拉黏液，色棕红，
行走摆，渴欲增，
肠壁厚，有脓肿。

①指该虫寄生在盲肠内。
②该病典型症状是顽固性腹泻，但不发生贫血。
驱除原则：左旋咪唑内服。

（四）肺线虫病

肺线虫，蚯蚓生，
阵咳嗽，鼻流脓，[①]
喷射咳，有疼痛，
听肺部，啰音重，
甲流感，虫卵生。[②]

①指鼻孔流黏稠性鼻涕。
②猪流感病毒与肺线虫虫卵有关联。
驱除原则：用 5% 左旋咪唑肌内注射或内服。

（五）胃圆线虫病

老母猪，胃溃疡，[①]
食不减，膘不长，
粪干黑，贫血状，
不发情，周期长，[②]
没精神，突死亡。[③]

①本病多见于老母猪，且引起胃溃疡。
②久不发情，屡配不孕。
③突然死于胃穿孔。
驱除原则：敌百虫内服。

（六）肾虫病

腰背软，多凹陷，[1]
后肢拖，似轻瘫，[2]
日渐瘦，生长慢，
喜躺卧，呈黄疸。

[1]指腰痿病。
[2]指双腿麻痹。
驱除原则：同肺丝虫病。

三、吸虫病

（一）姜片吸虫病

姜片虫，水草源，[1]
多贫血，生长慢，
消瘦状，呈黄疸，
食欲差，拉稀便，
剖检时，红姜片。[2]

[1]指猪采食河边水草而感染。
[2]剖检时，可在小肠中见到红色姜片状虫体。
驱除原则：内服敌百虫及阿苯达唑。

（二）华支睾吸虫病

吸虫病，源水生，[1]
感染后，腹水增，
消瘦快，黄疸症，
多腹泻，腹围增，[2]
先贫血，后浮肿。

[1]指吸虫的中间宿主存在于水草中。
[2]指因腹水剧增而引起肚子增大。
驱除原则：内服或肌内注射吡喹酮。

（三）细颈囊尾蚴病

犬绦虫，染猪病，
腹浆膜，长水铃，[1]
薄膜囊，水透明，
肚子大，腹围增，[2]
日渐瘦，生长停。

[1]内脏浆膜上生长大小不一的水铃子，大如拳头，小如枣样。
[2]腹部呈对称性、下垂性增大。
驱除原则：内服吡喹酮，也可手术摘除。

（四）棘球蚴病

棘球绦，寄生犬，[①]
节片动，猪感染，[②]
肝肺面，凹凸陷，[③]
肝肿大，多黄疸，
蚴长大，压迫肝，
包囊破，过敏原。[④]

①指细粒棘球绦虫寄生在犬小肠中。
②该虫节片随粪便排出落地后仍会运动。
③指该虫寄生在肝肺内使肝表面出现高低不平。
④当肝内虫包囊破裂后，会引起猪发生过敏性休克，甚至死亡。
驱除原则：吡喹酮疗法。

（五）猪囊虫病

猪囊虫，人绦染，[①]
肌肉痛，行走难，
叫声哑，吞咽难，
舌背面，米粒见，
肩背大，屁股尖，
严重者，似癫痫。[②]

①指猪患囊虫病是由于人的猪带绦虫引起的。
②若囊虫寄生在大脑时，猪会出现羊角风样症状。
驱除原则：吡喹酮疗法。

（六）疥螨虫病

疥螨病，名疥疮，
皮肤烂，局部痒，
先头耳，后脊梁，[①]
出血点，后块状，
结硬痂，毛脱光，
冬季多，夏季降，[②]
皮皱褶，出奇痒。

①首先在头部和耳朵发病，而后向全身扩散。
②指本病冬季危害严重，而到夏天症状减轻，发病率下降。
驱除原则：肌内注射1%伊维菌素。

（七）猪虱

猪虱大，体扁平，
皮薄处，多寄生，[1]
常搔痒，皮肤肿，
减食欲，不安宁，
生长慢，体减轻。

①虱常寄生在猪耳根、腋下、大腿内侧。
驱除原则：苦楝根白皮500克加水1000毫升，浸泡3天左右，涂擦患部，1天1次，连涂3天。

一般疾病

（一）感冒

热身猪，伤风寒，
打喷嚏，鼻腔炎，
淌鼻涕，磨鼻端，[1]
体温高，食大减，
眼流泪，身寒战，
咽喉痛，咳嗽喘。

①因鼻端痛痒不适，用鼻子磨地。
治疗原则：阿司匹林、氯苯那敏。

（二）咽喉炎

咽喉炎，最常见，
因外伤，菌感染，[1]
叫声哑，吞咽难，
伸头颈，呛食饭，[2]
喉部肿，咽敏感。

①刺伤或酸碱腐蚀。
②采食时会把饲料打呛出口外。
治疗原则：外用诱导刺激剂，内服抗菌消炎药。

（三）肺炎

吸烟尘，菌感染，[1]
体温高，咳嗽喘，

①指病因为吸火烟、尘土或感染病菌。

眼充血，身寒战。
流鼻涕，大便干，[②]
听肺部，啰音显。

②肺与大肠相表里，肺火、大肠
干，必然便秘。
治疗原则：抗菌，镇静，抑制分
泌，激素疗法。

（四）胃肠炎
霉饲料，中热邪，[①]
吃毒物，呕吐泻，
粪腥臭，便带血，
体温高，精神劣，
脱水快，眼干瘪。[②]

①指采食霉败饲料，伤暑热。
②指脱水后眼窝下陷。
治疗原则：内服抗菌药，防止脱
水，解痉。

（五）胃食滞
突换料，不适应，
饥饿时，贪食生，
呕吐物，酸臭并，[①]
肚子胀，眼睛红，
流口水，不安宁，
没精神，卧不动。[②]

①指呕吐物又酸又臭。
②没精神，躺卧不动。
治疗原则：饥饿，消食，大黄苏
打。

（六）厌食症
分娩后，虚亏症，[①]
体温高，厌食生，
霉饲料，失口性，
无食欲，懒得动，[②]
秘泻替，渴欲增，
口干臭，舌苔生。

①指分娩前后体质虚弱。
②指精神沉郁，多卧少站立走
动。
治疗原则：清肠，健胃，内服硫
酸钠、大蒜酒。

（七）消化不良

胃卡他，肚胀痛，

拉稀便，到处拱，[①]

毛粗乱，眼皮肿，

口干燥，舌苔红，

没精神，卧不动，

要根治，先驱虫。

①拉黏状稀粪，有异食，啃砖石等。

治疗原则：驱虫，健胃。

（八）胃溃疡

粉质料，缺粗硬，[①]

育肥猪，常发生，

先贫血，后头肿，

酱油粪，体减轻，

食递减，懒得动。

①长期喂粉质饲料而缺乏粗纤维、农作物秸秆。

治疗原则：制酸，收敛，更换饲料。

（九）伤食呕吐

伤食吐，胃炎多，

腹胀满，身哆嗦，

嘴流水，空口嚼，

呕吐后，口发渴，[①]

眼充血，泪水落。

①往往呕吐后，寻找水喝。

治疗原则：内服藿香正气水，饥饿疗法。

（十）肾盂炎

炎症因，生殖道，[①]

母猪多，公猪少，[②]

后肢僵，不排尿，

尿混浊，体温高，

四肢肿，常凹腰。

①指生殖炎症是引起肾病的主要原因。

②母猪多发生而公猪少见发生。

治疗原则：消炎，利尿，忌盐。

（十一）膀胱炎

化脓菌，侵膀胱，
食洋葱，太过量，[1]
频排尿，疼痛样，
尿努责，呈滴状，
尿浓稠，颜色黄，
氨气浓，如油状。

[1]洋葱、芥子饼、棉籽饼、春蓼
中毒，均会引起膀胱炎。
治疗原则：呋喃妥因、乌洛托
品、氯化钾。

（十二）尿结石

单一喂，麦麸皮，[1]
日久后，尿成滴，
结石块，膀胱积。
排尿难，极用力，
重无尿，轻点滴，[2]
腰背弓，后肢踢。

[1]笔者多次遇见农村开电磨户，
以单一麸皮喂猪引起群发性仔猪
尿结石。
[2]指轻者尿呈滴状排出，严重时
呈点状也难排出。
治疗原则：更换饲料，内服氯化
钾、小苏打。

（十三）肾炎

猪肾炎，体温高，
没精神，多睡觉，
严重时，排血尿，
腰部疼，采食少，
水肿处，多无毛。[1]

[1]指肾性水肿多发生在眼皮、耳
根、腹下皮肤松软和被毛稀少
处。
治疗原则：同肾盂炎。

（十四）中暑
烈日下，闷热天，
失饮水，多出汗，
心惊急，呼吸难，
严重时，似癫痫。

治疗原则：降温，凉水灌肠，内服六一散。

（十五）便秘
孕后期，高热病，
失饮水，粪难行，[①]
排粪难，里急重，[②]
尾直举，腰背弓，
口干燥，眼睛红，
听肠音，无蠕动。

①指因干渴缺水引起肠中粪便变干，难向下移动。
②指急着排便，而排不出来。
治疗原则：内服泻剂，直肠灌肥皂水。

（十六）癫痫
脑疾患，或遗传，
突倒地，全身战，
先鸣叫，后痉挛，
头颈歪，咬牙关，
口吐沫，排二便，[①]
眼凝视，眼球转。[②]

①指大小便失禁。
②指眼球抽搐。
治疗原则：镇静，扩张脑血管。

（十七）后躯麻痹
大脑炎，中毒病，
腰椎伤，寄生虫，
后躯软，拖腿行，
尾麻痹，不知痛，
多便秘，伤部肿。[①]

①指腰椎损伤处断裂且肿胀。
治疗原则：后肢和尾有知觉者可治疗，否则不予治疗。

（十八）仔猪贫血
哺乳猪，患贫血，
病原因，缺铜铁，①
膘尚好，精神劣，②
黏膜白，呈稀血。③
会突死，心衰竭。④

①缺乏铜铁元素。
②尽管不消瘦，但精神不好，全身苍白。
③指可视黏膜苍白，而血液如水样。
④因心脏衰竭，会发生突然死亡。
防治原则：注射钴铁注射液。补饲铁铜添加剂。

（十九）佝偻病
缺磷钙，骨质松，
尿混浊，关节肿，
前肢软，呈 O 形，①
多躺卧，难走动，
食欲降，多跛行。

①前肢软弱变形，站立时前肢呈"O"形或"X"形姿势。
防治原则：补磷钙，肌内注射维丁胶性钙。

（二十）碘缺乏
碘缺乏，孕猪患，①
胎无毛，分娩见，
个体小，长不全，②
弱仔猪，渐死完，
追原因，缺碘盐。

①孕猪易患碘缺乏病。
②胎儿发育不全，如胎儿个体小，不长毛，体弱，易死亡。
防治原则：补喂碘盐，尤其对怀孕母猪。

（二十一）锌缺乏

锌缺乏，皮肤癞，[①]
皮肤上，鳞覆盖，[②]
皮屑多，呈灰白，
起皱褶，易龟裂，
菌感染，变红色。

①锌缺乏主要症状是皮肤生癞。
②皮肤角化不全，大量出现皮屑。
防治原则：饲料中添加硫酸锌。

（二十二）母猪瘦弱病

代仔母，断奶晚，[①]
极消瘦，皮毛干，
无食欲，爱啃砖，[②]
体衰弱，行走难，
昏睡状，大便干。

①指病因是由于过度哺乳，母猪体质损耗过甚。
②不吃饲料，出现异食癖。
防治原则：代仔母猪，加强营养，仔猪提前开食，及时断奶，减少哺乳次数。

（二十三）仔猪低血糖病

寒冷天，吃奶晚，[①]
仔猪饿，身寒战，
口吐沫，咬牙关，[②]
体温低，运动难，
多伏卧，呈偏瘫。[③]

①指母猪落奶晚，乳房空虚。
②指仔猪咬肌痉挛。
③指无力站立，瘫卧地上。
治疗原则：寄养其他母猪，或给仔猪腹腔注入5%葡萄糖10毫升，1天2次。

（二十四）过敏反应

过敏症，注血清，[①]
防疫针，也发生，[②]
口吐沫，全身青（绀），
荨麻疹，全身肿，

①见于肌内注射异性蛋白、血清等。
②进行疫苗注射时偶尔也会发生。

尿失禁，似绝症。

治疗原则：立即注射 0.1% 肾上腺素，内服苯海拉明。

（二十五）仔猪溶血病

溶血病，乳猪生，[1]
吃初乳，即发病，
皮肤白，尿棕红，[2]
体虚弱，黄疸病，
没精神，害怕冷。

[1]因公、母猪的血型抗体不合而发生。

[2]红细胞溶解后，经肾排出。

治疗原则：立即停止仔猪吃母猪初乳，采取仔猪寄养方式。

（二十六）哺乳仔猪先天性震颤

乳猪颤，较常见，
究病因，公猪传，[1]
特征是，肌震颤，
兴奋时，呈痉挛，
静卧时，颤不见，
精神佳，吃乳欢，
十日后，病自安。[2]

[1]该母猪下次配种应调换其他公猪。

[2]一般待 10 日龄后会自行康复。

治疗原则：内服镇静剂。

（二十七）小猪白肌病

白肌症，断奶病，[1]
六月前，常发生，
肌无力，爬着行，
死亡快，突发生，
剖检时，肌灰红，
心扩张，心肌松。[2]

[1]多发生于断奶后的仔猪。

[2]剖检时可见心脏扩张，心肌松软。

治疗原则：肌内注射 0.1% 亚硒酸钠 1~2 毫升。

（二十八）仔猪脑炎

脑炎病，四季见，[①]

全身抖，呼吸难，　　　　　①一年四季均有发生。

超高热，头后转，　　　　　②指角弓反张。

口吐沫，转圈旋，　　　　　治疗原则：肌内注射小诺米星。

眼斜视，角弓反。[②]

（二十九）仔猪咬尾症

咬尾病，嗜血癖，　　　　　①猪舍太拥挤。

营养差，太拥挤，[①]　　　②尾髓感染引起脊髓炎，出现麻

尾出血，群攻击，　　　　　痹。

尾变短，血点滴，　　　　　治疗原则：单猪舍不得超过 3

数日后，难站立。[②]　　　头，仔猪出生 1~2 天进行断尾。

（三十）小僵猪

小老猪，发育停，[①]　　　①指生长发育缓慢。

诸原因，后遗症，[②]　　　②传染病耐过猪的后遗症。

严重的，寄生虫，　　　　　治疗原则：驱虫，组织疗法。

生长慢，膘不增，

极瘦弱，腰背弓，

要纠正，先驱虫。

外科疾病

（一）关节炎

关节炎，肢僵硬，[①]　　　①仔猪关节炎，多为佝偻病引

行走时，呈跛行，　　　　　起。

软性肿，仔猪病，　　　　　②成年猪多为关节硬肿，由外伤

多缺钙，呈"O"形，　　　　感染和传染病并发症而引起。

成年猪，多硬肿，[2]
严重时，会化脓。

治疗原则：对症治疗。

（二）风湿症

湿痹症，突然病，[1]
肌肉疼，游走性，[2]
行走时，呈跛行，
他动时，痛减轻。[3]
病因多，主贼风。

①中兽医叫湿痹，即风湿病。
②四肢轮换着出现疼痛。
③遛走以后，疼痛症状会减轻。
治疗原则：驱风，活血，消炎，
止痛。

（三）疝

疝是内脏及肠管经腹膜破裂口或天然孔（脐孔、腹股沟口）以及外伤、人为的刀口（阉割）落入皮下囊腔内。如脐疝、阉割疝、阴囊疝等，不论哪种疝，若不及时医治，往往因发生肠扭转、肠堵塞而危及生命。

1. 阴囊疝

阴囊疝，最常见，
究病因，多遗传，[1]
疝位置，肛下边。
听诊时，流水般，[2]
触摸时，呈柔软，
倒立时，囊空软。[3]

①主要是遗传性，也有由于孕母
猪营养不良、胎儿发育不良引起。
②指有肠蠕动的声音，这是鉴别
疝与脓肿的主要依据。
③指囊中肠子收回腹内，故囊中
空虚。
治疗原则：缝合鼠蹊轮。

2. 脐疝

脐疝病，多遗传，[1]
脐环部，突丘圆，

①多为遗传而引起。
②本病多见于母猪，公猪少见。

小母猪，最常见，[2]
囊顶部，多磨烂，
肠与囊，多贴连。

治疗原则：手术缝合脐孔。

3. 阉割疝与腹壁疝
大挑花，小挑花，[1]
稍不慎，疝气发，
刀口处，渐增大，
饱食后，增腹压，[2]
一时间，越增大，
倒提后，消失啦。

①这是阉割后缝合失误而引起。
②当腹压增高时，肠管脱出，疝
囊最大。
治疗原则：切开囊腔，分离粘
连，送回肠管，缝合疝孔。

4. 脱肛
脱肛病，努责生，[1]
久腹泻，腹压增，
初脱出，红球形，
圆柱状，充血肿，
水肿时，呈胀明，[2]
日久后，变紫红。

①指长期腹泻或便秘，经常努责
而引起。
②因脱出时间过久，会引起脱出
部分充血水肿，难以整复。
治疗原则：清洗干净，剪去水肿
部分送回，注射乙醇于肛门周
围。

（五）肛门闭锁
无肛门，先天性，
因近亲，遗传病，[1]
出生后，不安生，
常努责，腹臌症，
不吃奶，腰背弓。[2]

①近亲繁殖最易发生本病。
②常做排粪姿势。
治疗原则：手术人造肛门。

（六）脓肿

脓疮肿，肌肉中，[1]
菌感染，局部肿，
病初期，弥漫红，
皮突起，呈圆形，
中央软，触波动，[2]
日久破，流血脓。

①脓肿多发生在肌肉丰满处。
②脓肿发展到后期，软化、液化，即所谓脓症成熟。
治疗原则：化脓波动后，切开排脓、杀菌。

（七）湿疹

玉米包，湿麦秸，[1]
作垫草，患皮炎。
腹下部，耳根烂，
丘疹多，紫红斑。
皮渗脂，油湿黏，[2]
皮增厚，痂黑蓝。

①指冬季为防寒，在猪圈内垫草不当时可引起本病。
②指皮脂渗出增加，皮肤湿潮发黏，贴合皮毛。
治疗原则：除病因，利湿收敛。

（八）感光过敏

感光质，蒺苕荞，[1]
猪吃后，日光照，
白皮猪，即病倒，[2]
荨麻疹，痛痒交，
皮坏死，龟裂撬。

①含感光质的野草有蒺藜、苕草、荞麦等。
②指只有白皮毛的猪（长白猪）最易发病，而黑色皮毛猪，不易发病。
治疗原则：激素或脱敏疗法。

（九）渗出性皮炎

皮肤病，突发生，
球菌感，蚊蝇叮，[1]

①指葡萄球菌感染。

　　出脓疮，呈水肿，

　　皮脂渗，耳棕红，

　　痂皮裂，流血脓，

　　脓毒症，最严重。②

②菌毒扩散可引起脓毒败血症。

治疗原则：静脉注射抗生素。

繁殖疾病

（一）子宫炎

　　周期正，久不孕，

　　白带多，粘阴门，

　　稀薄状，红黄混，①

　　食量减，高体温，②

　　腹不适，凹腰勤。③

①指白带呈红色脓性。

②指本病可引起食欲缺乏。

③腹痛状，常作凹腰排尿姿势。

治疗原则：抗菌，冲洗子宫。

（二）卵巢静止

　　雌激素，分泌停，①

　　生殖道，萎缩征，②

　　乳房缩，不充盈，

　　长时期，不发情。

①这里指由于永久性黄体在卵巢上占优势，使其激素受到抑制。

②雄性化。

治疗原则：注射己烯雌酚和孕妇尿。

（三）卵巢囊肿

　　性亢进，极不安，

　　频发情，周期短，①

　　持续期，超极限，②

　　外阴红，叫声欢，

　　慕雄狂，跳猪圈，③

①发情次数增加，性周期短。

②发情持续 4~5 天。

③发情亢进，不可抑制。

治疗原则：肌内注射比赛可灵，

（四）胎衣不下

产后3（时），不落地，[①]

老母猪，动不足，[②]

脂肪多，过于肥，

乙脑症，身亏虚，[③]

体温高，有渴欲。

促进囊肿破裂。

①生完仔猪3小时，仍不见胎衣排出，叫胎衣不下。

②年老母猪，运动不足。

③乙型脑炎或体质虚亏引起。

治疗原则：耳根皮下注射垂体后叶素2毫升。

（五）阴道脱

产前后，激素乱，[①]

盆腔肌，多弛缓，

阴道脱，努在先，[②]

红球状，污物染，[③]

卧掉出，站复原，

严重时，恢复难。

①雌激素分泌过多。

②频频努责用力，能使阴道脱出。

③外观像红色半球状体。

治疗原则：产前肌内注射黄体酮，产后阴唇两侧黏膜下蜂窝组织内注射70%乙醇。

（六）先兆流产

孕期中，突然病，[①]

食欲减，不安宁，

排尿勤，肚子痛，

阴道流，白带红，

奶不胀，阴不红。[②]

①不到预产期，出现分娩征兆。

②乳房不胀大和落奶，阴道也无正常分娩现象。

治疗原则：能保尽保，肌内注射黄体酮。

（七）产前截瘫

孕前瘫，临近产，[①]

双后肢，软弱站，

①多在临产前 1~2 周发生。

站立时，双脚换，②

若站立，行走难。

②因后肢难以负重而不停交换支撑。

治疗原则：补钙，静脉注射葡萄糖酸钙，肌内注射藜芦素。

（八）产后瘫痪

产后瘫，嗜睡眠，①

体温低，贫血般，

站不稳，全身软，②

昏迷状，呈瘫痪，

无食欲，大便干。

①多发生在分娩后 2~3 天。

②全身衰弱无力，起卧困难。

治疗原则：激素，补钙，缩宫。

（九）阵缩无力

分娩初，宫颈开，①

羊水破，流出来，

胎位正，无大碍，

无阵缩，不努责，②

昏迷状，精神衰。

①指完全有分娩症状但阵缩无力。

②指子宫无收缩力。

治疗原则：肌内注射垂体后叶素，内服麦角。

（十）产褥热

分娩时，菌感染，

分娩后，三四天，

体温高，多寒战，

泌乳停，肺发喘，

身灼热，凉末端，①

恶露多，脓血般。②

①全身灼热，唯有耳尖、四肢凉感。

②指从阴道排出多量脓血分泌物。

治疗原则：冲洗子宫，静脉注射青霉素。

（十一）产后应激综合征

临产前，一切好，
产后病，采食少，
没精神，不发热，
乳房肿，乳头小，
污秽物，流阴道，
仔猪饿，唧唧叫，[1]
两炎症，一减少。[2]

[1]指乳房无奶水，仔猪饥饿的状态。
[2]指子宫炎、乳房炎、泌乳减少。
治疗原则：抗菌，镇静，缩宫，催乳。

（十二）子宫脱

产程长，体虚弱，
严寒天，最易脱，
初鲜红，后紫褐，[1]
球状物，是阴道，
圆柱状，是全脱。[2]

[1]初脱出者为鲜红色，脱出时间长，后变成紫褐色。
[2]若脱出物呈球形，为阴道脱出，若脱出物呈圆柱状为子宫全脱。
治疗原则：及时消毒并送回腹腔。

（十三）缺乳症

强刺激，应激生，[1]
突然间，泌乳停，[2]
乳房缩，乳皮松，
拒吸奶，乳汁清，
食欲减，卧不动。

[1]各种原因的强烈刺激。
[2]在正常泌乳情况下，突然泌乳停止。
治疗原则：脱敏，镇静，催乳。

（十四）乳房炎

先单个，乳叶硬，[①]
后蔓延，数个肿，
局部热，皮紫红，[②]
乳汁稀，呈碱性，[③]
严重时，会化脓。

①指病初呈局部发炎，后来向周围扩散，波及数个乳叶发炎。
②指局部硬肿、潮红。
③正常乳汁 pH 值是 6.5，病时可增至 7 以上。
治疗原则：内服利福平。

（十五）乳头敏感症

拒哺乳，见初产，[①]
乳房伤，仔牙尖，[②]
乳头痛，呈敏感，
吮乳时，立即站，[③]
驱仔猪，用嘴赶。

①本病多见于首次怀孕分娩的母猪。
②初生仔猪胎牙尖锐，哺乳时咬伤乳头。
③仔猪衔奶头时，母猪立即站立，拒绝吮乳。
治疗原则：内服脱敏镇静剂。

（十六）回奶

泌乳盛，乳房肿，[①]
无仔吃，乳积痛，
会发炎，会化脓，
早断奶，早发情，[②]
提前孕，早配种，
均需要，泌乳停。

①乳房泌乳过多，甚至引起乳房肿胀。
②为了提前进入干乳期，早发情。
回奶方法：麦芽 100 克、番泻叶 10 克，煎汁喂猪，1 天 1 次，连服 3~5 天。禁食、禁水 2 天亦可。

（十七）种公猪阳痿病

种公猪，阳痿症，[①]
营养差，频配种，[②]
食欲降，卧不动，
勃起晚，厌配种，
虽爬跨，难射精。

①种公猪配种无力。

②指引起本病的原因是营养不好，而且超限配种。

治疗原则：限制配种，补养壮阳。

作者通信地址：
邮编：471800
电话：0379-67266083
地址：洛阳市新安县兽医院